U0121111

# Stable Diffusion 技巧与应用

Paper 朱 编著

人民邮电出版社

北 京

**图书在版编目（ＣＩＰ）数据**

AI绘画教程：Stable Diffusion技巧与应用 /
Paper朱编著. -- 北京：人民邮电出版社，2023.7（2024.1重印）
ISBN 978-7-115-61850-4

Ⅰ. ①A… Ⅱ. ①P… Ⅲ. ①图像处理软件—教材
Ⅳ. ①TP391.413

中国国家版本馆CIP数据核字(2023)第097243号

## 内 容 提 要

这是一本关于 AI 绘画的教程，旨在分享通过 AI 绘画工具生成各种理想图片的方法。

第 1 章从 AI 绘画时代的到来切入，介绍 AI 绘画的发展、AI 绘画对美术设计工作者的职业影响，以及如何在当前环境下提升画师的竞争力。第 2 章和第 3 章分别介绍如何使用 NovelAI 和本地部署版的 Stable Diffusion 进行 AI 绘画。第 4 章进一步讲解更为复杂的模型训练方法。第 5 章介绍 Stable Diffusion 的进阶技巧。第 6 章介绍使用 Colab 云部署 AI 绘画工具 Stable Diffusion 和 Disco Diffusion。第 7 章将 AI 绘画与时下较 "火" 的虚拟偶像相结合，详细讲解如何使用 AI 绘画工具辅助制作虚拟偶像。

本书适合美术及设计专业的学生与相关工作人员，以及插画爱好者学习、参考。希望读者能通过学习本书，了解并掌握 AI 绘画的原理、方法和技巧，提升绘画工作效率，为职业发展赋能。

♦ 编　著　Paper 朱
　　责任编辑　张玉兰
　　责任印制　马振武

♦ 人民邮电出版社出版发行　　北京市丰台区成寿寺路 11 号
　　邮编　100164　　电子邮件　315@ptpress.com.cn
　　网址　http://www.ptpress.com.cn
　　北京宝隆世纪印刷有限公司印刷

♦ 开本：787×1092　1/16
　　印张：9.25　　　　　　　　　2023 年 7 月第 1 版
　　字数：325 千字　　　　　　　2024 年 1 月北京第 5 次印刷

定价：89.00 元

读者服务热线：(010)81055410　印装质量热线：(010)81055316
反盗版热线：(010)81055315
广告经营许可证：京东市监广登字 20170147 号

在AIGC（Artificial Intelligence generated content，人工智能生成内容）即将激起新一代科技革命的时间点上，相信许多人在惊讶科技发展的同时又感到迷茫。在AI绘画对美术设计人员的工作造成冲击的情况下，越来越多的互联网及游戏厂商开始使用AI来降本增效。俗话说"商场如战场"，为了获得更高的效率，很多大公司的招人标准开始发生变化，偏向要求应聘者具备使用AI辅助绘画工具的技能。这就要求人们要通过不断提升自己的能力来迎合社会的进步，否则可能会被社会淘汰。

作为一名在职的游戏美术工作者，我亲眼见证了很多大公司对AI绘画的执着，很多人开始争相报名各类AI绘画内部培训课程。AI绘画目前在商业应用方面非常广泛。很多个人画师、工作室及艺术设计团队都在通过AI绘画满足自己的美术需求，比如平面宣传海报、图像UI及电商海报、详情页等的插画绘制。当然，AI绘画并不是万能的，归根结底它只是一种能快速提高生产效率的设计工具。它需要人来设定和调节，在生成图片后，最终也还是由人来判断和决定使用哪张。总之，AI绘画必定需要人的参与，而在参与过程中，人的美学素养非常关键。

在编写本书时，我考虑到AI绘画的特点，按照从基础技巧到逐渐进阶的顺序进行内容安排。读者学习时就如打怪升级一样，先积累经验值，等级突破后能力会获得质的飞跃。在编写本书的过程中，我不断根据AI绘画工具的更新进行修改，因此本书具备了常见的AI绘画框架体系，读者无须担心软件的版本问题。

随着Stable Diffusion的高速更新迭代，开源开发者贡献的模型和插件让Stable Diffusion的功能变得越来越丰富。这里我要真诚地感谢为我提供灵感的模型作者和插件作者，其中包括模型GhostMix的作者_GhostInShell_、模型Counterfeit-V2.5的作者rqdwdw、模型OrangeMixs的作者WarriorMama777、模型Deliberate的作者XpucT、模型墨心MoXin（Lora形式）的作者simhuang（喵渣渣），以及插件mov2mov的作者小丁NaNd、插件EasyVtuber的作者yuyuyzl。

本书旨在以深入浅出的方式教会读者基本的AI绘画方法并逐渐拓展到AI绘画的实际应用。希望本书能带读者掌握一门新技能，以提升工作效率。同时，希望读者能够在学习的过程中不断实践，只有在实践中才能发现更多问题，进而提升自己。遇到困难可以积极求助于互联网，不要止步不前。如果遇到实在解决不了的问题，可以在我的网络账号里留言，我会抽空为读者解答。最后，祝愿每一位读者都能享受这趟AI绘画之旅！

Paper朱

2023年4月

# "数艺设"教程分享

本书由"数艺设"出品，"数艺设"社区平台（www.shuyishe.com）为您提供后续服务。

## "数艺设"社区平台，为艺术设计从业者提供专业的教育产品。

### 与我们联系

我们的联系邮箱是 szys@ptpress.com.cn。如果您对本书有任何疑问或建议，请您发邮件给我们，并请在邮件标题中注明本书书名及ISBN，以便我们更高效地做出反馈。

如果您有兴趣出版图书、录制教学课程，或者参与技术审校等工作，可以发邮件给我们。如果学校、培训机构或企业想批量购买本书或"数艺设"出版的其他图书，也可以发邮件联系我们。

### 关于"数艺设"

人民邮电出版社有限公司旗下品牌"数艺设"，专注于专业艺术设计类图书出版，为艺术设计从业者提供专业的图书、视频电子书、课程等教育产品。出版领域涉及平面、三维、影视、摄影与后期等数字艺术门类，字体设计、品牌设计、色彩设计等设计理论与应用门类，UI设计、电商设计、新媒体设计、游戏设计、交互设计、原型设计等互联网设计门类，环艺设计手绘、插画设计手绘、工业设计手绘等设计手绘门类。更多服务请访问"数艺设"社区平台www.shuyishe.com。我们将提供及时、准确、专业的学习服务。

# CONTENTS 目录

# 第 1 章
## 奋进中的生产力
## ——AI 绘画时代的到来

# 1.1 初识AI绘画

下面将介绍AI（Artificial Intelligence，人工智能）绘画的发展历程，并带领大家逐步深入了解近年AI绘画火爆的根源——扩散模型的广泛应用。

## 1.1.1 AI绘画的"前世今生"

20世纪70年代，艺术家哈罗德·科恩（Harold Cohen）通过开发计算机程序AARON来尝试绘画。AARON系统通过控制实体机械臂的方式模拟人类手臂进行绘画，如今已经可以绘制较为抽象的色彩画。由于其代码并没有开源，因此如今无法了解其绘画细节。虽然这样的程序主要通过无代码的方式执行哈罗德教授本人对绘画的指令，并不能算是真正的AI绘画，但鉴于这是极早期的尝试之一，可称其为"AI绘画的鼻祖"。

到2012年，AI领域的专家吴恩达与杰夫·迪安（Jeff Dean）通过使用1.6万个CPU训练出深度学习网络，并让计算机使用网络上的1000万个猫脸图片进行为期3天的训练，得到能识别出猫脸的AI。2014年，GAN（Generative Adversarial Network，生成式对抗网络）模型一经提出便极大影响了学术界在AI领域的探索方式，并在很多领域内都得到了广泛应用。GAN模型是早期AI绘画模型的基础框架，这一深度学习模型的出现极大地推动了AI绘画的发展。不过此时它更像是对已有画作的模仿，就如常见的手机修图软件一样，只能便捷地给图片添加滤镜，却不能真正地改变或创新图片内容。此后很多科技公司（如Google）不断尝试对AI绘画进行改进和创新。直到2017年，由Facebook和相关领域的大学教授合作研究出了CAN（Creative Adversarial Network，创造性对抗网络）模型，AI才真正可以生成具有创造性的绘画作品。该模型在绘画（抽象类画作）中所展现出的创造性令参与研究的人员感到震惊：对于不了解情况的人来说，很难辨别出是否出自画师之手。

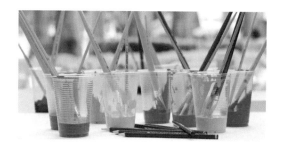

2021年，OpenAI团队开源了新的深度学习模型CLIP（Contrastive Language-Image Pre-training，对比语言—图像预训练）模型。CLIP模型通过使用大约4亿个"文本—图像"的标注训练数据，用了很长的训练时间，终于得到了能理解自然语言的图像分类。该AI与之前最大的不同就是，它能通过输入特定的文本让AI自动理解以输出图像。到这一阶段，AI绘画工具的基础框架已经搭好。OpenAI在2021年初发布的初代DALL-E绘画系统其实装了CLIP模型并可受控，已经比之前的AI滤镜要好很多了。只是DALL-E并不开源，无法和"CLIP+VQGAN"的开源发布相比。随着扩散模型（Diffusion Model）开始在AI绘画领域应用，GAN模型逐渐退出历史舞台。如果说GAN模型的成功只是小众科研圈的狂欢，那么扩散模型的出现则是全民的狂欢。

2022年2月发布的Disco Diffusion是第一个将CLIP模型和扩散模型相结合的AI绘画工具，它可以将输入的文本内容很好地体现在画面中，并达到令人惊艳的程度。其创作的作品具有超前的概念性和艺术性，内容可以理解，但细节刻画不足，很难被认为是真正意义上的绘画。2022年7月，Stable Diffusion（又称Stable Diffusion Web UI，这是上传者的命名，本书统一称作"Stable Diffusion"）的发布才算是真正打开了AI绘画商业化落地的大门，其通过尽可能保留图像细节并将其降到更低维度的潜在空间（Latent Space）后再进行模型训练和图像生成计算，使生成图像的时间大幅减少，对硬件的要求大大降低。

从2022年2月到2022年11月，就在这短短的时间内，AI绘画经历了从Disco Diffusion到Stable Diffusion 2.0的变革，其发展速度已远超人们预期。这得力于为AI绘画开源做出贡献的所有人员。正因为有了开源技术的存在，才有了如今AI绘画的大放异彩。

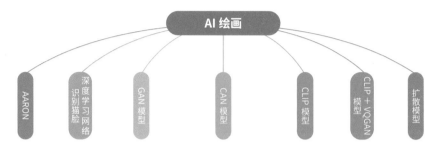

2022年可以说是AIGC（Artificial Intelligence Generated Content，利用人工智能技术生产内容）蓬勃发展的变革元年，从2月到11月，AI绘画经历了从获得认可到"出圈爆火"的历程。随着AI绘画的"爆火"，越来越多的厂商加快了布局AIGC的速度，不只是AI绘画，更有AI视频、AI建模、AI语音和AI聊天等百花齐放。AI绘画在"爆火"时便引发了人们的激烈讨论，争议点在于绘制一幅画面较为优秀的画作所需要的成本变得非常的低。对于一些企业来说，这将使得用人成本显著降低，职业画师的可替代性越来越高；对于个人画师来说，这无疑是一个非常巨大的打击。普通人想绘制一幅比例正确、透视准确且画风能让广大消费者满意的绘画作品，往往需要长年累月的学习和练习，以及对画面要素的领悟和绘制能力的提升。而使用AI绘画，只要输入一段文字，就能在短时间内获得一幅绘画作品，甚至进一步通过关键词的试错和筛选获得一幅震撼人心的作品。

无论人们对AI绘画的态度如何，正如照相机被发明后所诞生的一系列工业化体系一样，AI绘画已不知不觉地进入人们的日常生活中，并且将从底层深刻地改变这个世界。日后，手绘（包括板绘）仍然是未来绘画领域的主流，不过AI绘画将成为生产力的重要组成部分，其应用前景包括概念设计、草图绘制，甚至可能会专门开展AI绘画相关的艺术比赛。这类比赛注重画师的美学素养对画面的影响。截至目前，ChatGPT（聊天机器人模型）也开始进入大众视野。这意味着你可以利用AI书写完整的目标代码。ChatGPT与VITS语音系统相结合，甚至可以制作一个AI个人助理，进行AI绘画，让ChatGPT负责文本沟通，用VITS制作喜欢的语音，当然这还需要一些其他程序的辅助。这里意在告诉读者，AI绘画的发展潜力及应用场景随着AIGC领域的更多突破也在不断拓展，学习AI绘画有一定裨益。

在学习AI绘画的过程中，要着重注意版权问题。目前AI绘画仍然处于野蛮生长阶段，国内外很多厂商机构不断地推出新的绘画AI，很多都无视了画作的版权问题。唯有健全相应的法律法规，厂商或者个人在训练时公布自己所用训练画面的素材来源并给予相应报酬，不强行引入被画师们标为"不允许用于AI绘画训练"的素材，这样AI绘画才更有可能健康地繁荣发展下去。

## 1.1.2 扩散模型——让AI绘画迅速落地的"幕后推手"

Stable Diffusion取得成功自然少不了其背后飞速发展的扩散模型的推动。在扩散模型出现前，人们通常使用GAN模型或VAE（Variational Autoencoder，变分自编码器）模型更多一些。和GAN模型相比，VAE模型采用较为迂回的方式生成目标，相同的是它们都是深度生成模型，都具备从较为简单的随机分布噪声中生成带有复杂分布的数据的能力。但是VAE模型有一个比较大的劣势，就是其本身不使用对抗网络，生成的图片会更加模糊，且其复杂的变分后验选择也使得该模型很少单独使用，往往是根据不同目标使用或混合不同模型使用。在模型的训练上，VAE模型需要一个编码器和一个解码器才能正常使用，而GAN模型则只需一个生成器即可工作。在模型的初步训练上，GAN模型占有一定优势，不过仍然需要训练额外的判别器，这使得工作量和难度大大增加。无论是VAE模型还是GAN模型，都无法较好地达到效率和质量的均衡。而扩散模型的提出和完善真正解决了训练AI绘画模型的痛点。

早在2015年就有专家提出了扩散模型的概念，但限于年代和研究重心的不同，当时提出的扩散模型和现在的模型差距较大，且不能真正落地到应用层面。直到2020年，一项名为DDPM的研究提出后才打开了扩散模型落地应用的大门。之后很多专家揭示了扩散模型的连续版本对应的数学背景，并且将去噪分数匹配和DDPM中的去噪训练统一，这才有了现在常见的扩散模型。目前的扩散模型凭借出色的应用能力和效果可以带来非常多的便利的落地成果，成为热门的图像生成模型，Disco Diffusion、Stable Diffusion、DALL-E 2、Midjourney等AI绘画系统都基于扩散模型诞生。

AI绘画模型的训练离不开数据（也就是训练集），而这些数据自然包括真实图片、画师的手绘及板绘作品，通过大量、反复的识别图像训练来让AI认识并理解绘画内容。但这是一个新兴领域，很多模型其实无偿使用了画师的手绘作品，这些用于训练的作品很难受到版权保护。这让众多通过大量练习而成长起来的画师不能接受。AI绘画的商业化应用任重而道远。

# 1.2 为什么要学习AI绘画

从集成各类AI工具到基于开源代码研发自己独有的工作流软件，AI绘画在美术设计行业大放异彩。一个训练有素、能快速适应AI绘画工具的画师，其生产效率将比没有AI辅助的画师高很多。一些较大的公司已经开始公开招募AI绘画调参师等岗位的员工。在另一个层面，随着AI绘画的迅速落地，很多大公司开始裁撤美术外包团队，对于很多在职的职业画师来说，AI绘画已经成为必修课程。对于个人而言，学会了AI绘画并不代表就成了绘画大师，依然需要不断提升自己的美学修养，让自己的审美能够在AI绘画结果中体现出来。

## 1.2.1 学习AI绘画的意义

绘画作为一种艺术形式,始终离不开人的主观表达。它蕴含着情感和精神,能让我们看到一个超脱于现实世界的艺术世界。无论时代如何变迁,社会如何变革,绘画的意义从未改变。社会变革对绘画的影响首先在于绘画媒介和传播媒介,即由纸笔手绘到板绘,由现实传播到互联网传播。而今,绘画媒介进一步发展到AI绘画,这种方式与传统的绘画方式和艺术形式比有着翻天覆地的变化,人们开始认为它在某种意义上消解了艺术。尽管AI绘画仍存在许多争议,不可否认的是它出现了,而且是社会发展的必然产物。AI绘画能显著提高文创、文娱类产业的工作效率并且能降低成本。AI绘画已经在影视、游戏概念设计领域得到了应用,目前处于高效探索过程中。许多个人绘画爱好者开始利用AI绘画快速实现个人艺术设计方案草图并不断优化,使其无限接近于自己期望的效果。AI绘画无论是在B端(商家用户端)还是C端(个人用户端)都能提供全新的使用场景,以满足应用需求。但是绘画作为一项艺术行为,其本质仍然是以人为主导的工作,AI并不能完全替代人。笔者认为,为满足商业需要而用AI生成的作品不应被称为完全意义上的艺术品,更准确的说法应该是"工业化AI艺术品"。倾注了艺术家情感和心力优化出来的AI绘画作品不能单纯归为工业化作品,因为当其满足了个人的精神需要和艺术需求后,就已经能算作艺术品了,不过基于其由AI创作,所以称为"AI艺术品"更为合适。AI绘画作为一种新兴的艺术形式目前正在野蛮生长,当更完善的模型和版权保护法律法规出现的时候,AI绘画才能在视觉艺术领域被更多人所接受。相信在AI相关生态链越来越完善的未来,AI绘画将和摄影一样从绘画领域独立出来。

## 1.2.2 AI绘画对未来工作岗位的影响

在未来的美术类行业中,很有可能会出现类似AI关键词调教师、AI大模型训练师、AI美术策划、AI模型贴图师、AI动画师等岗位。这些岗位将是新一轮产业革命的先锋。与其他AIGC领域的人才一样,这些人优秀与否往往决定了一个公司的工业化AI内容生产水平。他们将利用AI来提升团队整体的工作效率,特别是在游戏领域,很多岗位会迎来较大的变革。

在早期AI绘画领域"百家争鸣"的局面下,可能会有非常多的不规范使用行为,这将大大影响艺术创作者的利益和创作动力。版权的归属问题是影响AI绘画发展的巨大阻力。未来很可能会诞生如AI版权鉴定师这类新的职业,集监督与判断等职能为一体,通过专业研究各大艺术创作者的人工作品,并和一些特定需要鉴别的AI绘画作品进行对比,来判断是否可能有产权纠纷,这对于大型商业公司来说至关重要。这样的岗位往往需要大量的艺术经验才能胜任,即使放眼世界,这样的人才也非常有限。为了降低难度,未来很有可能会出现专门的软件或者算法,甚至AI来替代这类岗位设置。

# 1.3 AI绘画的优点及应用场景

在AI绘画的冲击下，越来越多的行业开始使用AI绘画来提升效率、降低成本。原先要画一个月的需求图，如今只需几天便能完成。不只是游戏美术行业，AI绘画在其他领域也正引起一场革命。

## 1.3.1 AI绘画的优点

AI绘画能在短时间内盛行，必然有其值得称道的优点。下面从3个方面分别进行阐述。

首先，在创意方面，AI绘画能实现全自动化的图像创作和编辑，使用者只需提供提示词便能获得想要的画面。在此基础上，还可以进一步优化提示词并调整相关参数，以及使用插件让AI绘画的效果更完美。在这个过程中，AI绘画大模型非常关键。人们可以从网站上找到各种其他人提供的AI绘画模型，也可以自己训练所需要的模型，通过各种调整与尝试获得自己想要的效果。

其次，在效率方面，AI绘画能够在极短的时间里大量生成图片，极大地降低了制作成本，让设计者得以更专注于对美学的深层次探究。同时，AI绘画可以将抽象的内容进行具象化表达。无论是一个突然萌生的想法，还是一段对特定抽象需求的描述，都可以通过AI绘画的方式进行完整化呈现。

最后，在学习能力方面，AI绘画作为计算机程序具备超强的学习能力。AI绘画可以通过数量的叠加完成对画面要素的识别和训练，从而学会新的画面风格。这也是AI绘画被越来越多的美术行业从业者所接受的原因之一。设计者可以用以往项目的作品训练出模型，并将其应用于新的流程，这在灵感辅助、概念设计等方面对设计者有巨大帮助。

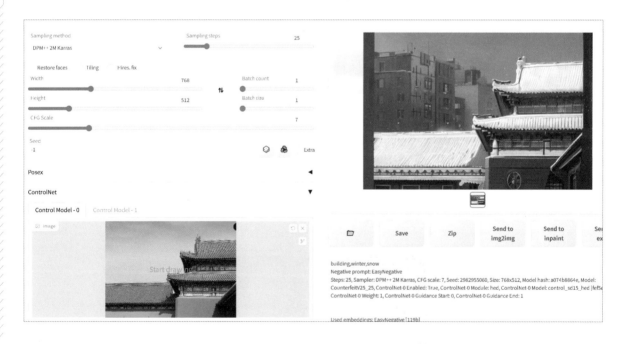

## 1.3.2 AI绘画丰富的应用场景

在应用场景上，这里主要分为两个方向进行阐述，分别是设计类方向和非设计类方向。

AI绘画在设计类方向的应用比较好理解。对于互联网公司来说，很多手机App都集成了用AI一键将照片（或图像）转换为动漫风格或其他各类可控的模型风格的功能。对于游戏公司来说，越来越多的公司开始使用AI绘画来制作与本公司画风一致的模型，以快速生成美术素材（如角色原画、场景原画、UI图标，甚至图片广告等内容）。特别是游戏项目的主策划和首席游戏图形设计师，他们可以通过AI绘画快速生成自己想要的效果，从而让项目组其他同事快速领悟具体落地的效果，提高沟通效率。对于建筑设计、室内设计或载具设计等设计从业者来说，都可以通过AI和各类插件的搭配达到快速、精准出图，为甲方提供大量的方案，从而提升短期效率。不过从长期来看，可能会导致设计方案的价格大幅降低。随着AI绘画在市场范围内的广泛应用，"AI+设计师"的工作效率往往能达到传统设计师的数倍，最终设计岗位可能会大幅减少。

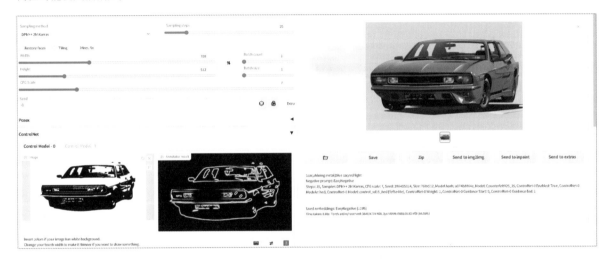

在非设计类方向，AI绘画也有非常多的应用。例如，可以通过AI动画的重绘使得短视频中的人物变成任何想要的风格。虽然当下AI动画还存在闪烁、随机性大的问题，但以目前的发展速度来看，在不久的未来就可能会出现稳定的AI动画制作方式。例如，AI短片《石头、布、剪刀》这类通过AI绘画绘制人物，利用绿幕和虚幻引擎的方式能很好地降低背景的随机性，提高动画的可控程度。在娱乐产业方面，AI动画的低门槛化内容将带来自媒体动画的井喷式发展。

# 1.4 画师如何提升竞争力

在AI绘画广泛普及的时代，对于画师来说，传统的绘画能力将不再是衡量竞争力的唯一核心，"AI绘画+优秀的审美"可能才是未来人才竞争力的体现。

## 1.4.1 积极学习并利用AI绘画

即使AI绘画继续普及，画师也不必担心完全被AI取代。首先，AI缺乏新内容、新风格的创造性，它们只能通过对已经存在的数据和内容进行反复融合产生小幅度的创新，没有人参与的AI绘画很难拥有灵魂。其次，AI绘画对情绪和情感的理解能力不足，无法很好地表现细微的情感，就算通过提示词进行约束，表情的表现效果也几乎是千篇一律的。在工作中可以通过AI绘画来提升效率，在日常练习中也可以通过AI快速制作出灵感参考图，学习AI画风并加以练习。对于绘画初学者来说，在对绘画的理解尚且有限、对细节的把控力相对不足、美学素养还比较欠缺的情况下，不能完全将AI完成的绘画作品当作自己的作品，还需要提升自己构图、透视、色彩等的把控能力。这些能力也可以通过AI生成练习参考图来进行有针对性的学习。例如，要提升色彩应用能力，那么就利用AI快速生成不同色彩搭配的图，学习、总结不同图片配色的区别与优缺点，由此提升自己。大家可以尝试分析大师们的作品，从优秀画作中观察每一个震撼人心的细节。AI绘画越智能，画师就越要注重基础，扎实的绘画基础可提升审美理解力，进而分辨AI画作的好坏。

## 1.4.2 提升个人美学素养

美学素养也就是审美，每个人的审美都是不一样的，不同的人创造美的表现是不同的。审美水平是在不断创作的过程中和对优秀作品的理解和感悟中慢慢提升的，要多看、多尝试、多思考。可以多与优秀的画师进行交流，参考他们给出的建议；也可以找准一个自己喜欢的方向，进行针对性练习和思考，坚持赏析优秀作品，多做临摹练习。

在如今多元化的网络时代，我们每天接触的信息是过剩的。如果想提高美学素养，遴选信息、坚持学习是必不可少的。美学素养永远是个人的核心竞争力，它会在方方面面体现出来。面对AI的不断更新，不要被各类惊叹AI发展的信息蒙住了眼睛，要永远记住有人参与的艺术才是真正的艺术。

# 第2章

# 绘画网站 NovelAI

# 2.1 NovelAI介绍

本节将带领大家一起探索最初让AI绘画在互联网"爆火"的绘画网站NovelAI。NovelAI是一个基于Stable Diffusion模型的在线AI绘画网站，操作较为简单，相对更适合新手入门了解。其缺点是需要付费且画风单一，无法更换模型。

## 2.1.1 从文本生成到图像生成

NovelAI最初是一个依靠GPT（Generative Pre-training Transformer，生成式预训练变压器）模型进行文本生成的辅助故事生成网站，于2022年10月推出图像生成服务后"爆火"，在绘画圈引起了强烈反响。NovelAI的图像生成模型使用了8个NVIDIA A100 GPU，基于Danbooru网站约530万张图片的数据集对开源的Stable Diffusion模型进行训练和调整而来。这个模型进一步证明了扩散模型的未来潜力及在图像生成领域的重要地位。其生成二次元动漫风格人物的效率极高，可以协助广大无美术基础的动漫爱好者生成想要的画面。

## 2.1.2 登录及界面介绍

在学习AI绘画的过程中，丰富的想象力十分重要，同时要掌握必要的AI绘画相关术语。下面简单介绍NovelAI网站注册、登录及订阅等的方法，带领大家通过NovelAI来探索AI绘画的乐趣。

首先在浏览器中搜索"NovelAI"，找到官网并进入。然后单击右上角的"Login"进行登录或注册（虽然网站版本会不断更新，但是右上角的模块布局一般不会有太大变化）。

登录之后可以看到下图所示界面（随着版本更新，界面可能会有一定变化）。如果是初次打开，那么账户中应该是空的。单击右上角的"Manage Account"按钮会显示当前还没有订阅，单击"Take me there"按钮即可看到订阅所需的价格表，不同的订阅价格会有不同的使用政策和赠送使用点（后续的教学中不会涉及付费内容，大家可以先学完本章后再考虑是否订阅）。

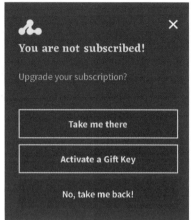

在主界面中单击左下角的"Generate 1 Image"按钮即可开始进行AI绘画。显示的基础界面会保存上一次使用的配置，因为笔者已经使用过，所以很多区域是写满了的，初次打开时一般不会有内容在相应区域。左边的"Prompt"一般被称为文本生成框。可以在文本生成框中以英文单词集合的方式输入内容，可将这些英文单词统称为描述词、提示词、关键词或词条。NovelAI中对提示词的个数有限制，一般上限为225个，超过个数限度时会被提示且无法正常生成。

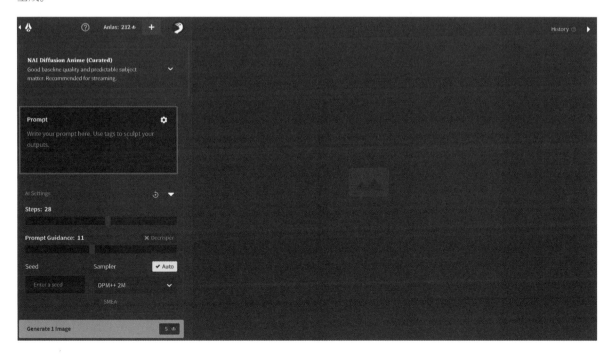

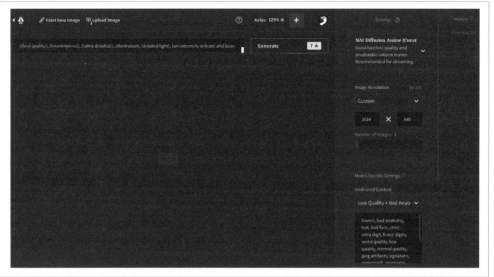

"Prompt"下方是"Undesired Content"，即不想让画面中出现的内容，可以通过在此处输入文本来限制所描述内容的出现，一般将这类内容称为"反向提示词"。反向提示词下面是"Add a Base Img（Optional）"，即图片上传，单击右边的上传按钮就可以上传并编辑图片，甚至可以使用NovelAI版的ControlNet功能。ControlNet功能较为复杂，在后续的Stable Diffusion本地部署版本中会详细讲到，这里不展开进行讲解。

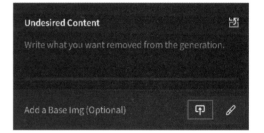

中部是图像生成界面（为了便于展示，笔者在界面中放入了图片）和生成图像编辑区，后面的实操中会逐步接触到。下方有当前图像分辨率显示、图片随机种及保存图片按钮等。右边是历史记录面板。这里记录着使用NovelAI生成的历史图像，单击任意一张即可切换为大图展示。

界面左上角显示的是NovelAI的剩余使用点（每生成一张图片都需要消耗一定量的使用点）。下方是模型选择框，默认版本是"NAI Diffusion Anime (Curated)"，单击即可切换不同模型版本。不同的模型版本由不同的数据集训练得出。具体使用时可在下拉菜单中选择生成动漫图片范围更广的"NAI Diffusion Anime (Full)"模型版本或适合生成兽人的"NAI Diffusion Furry (Beta V1.3)"模型版本。

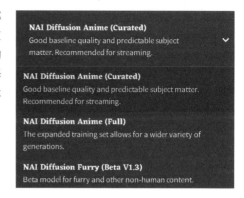

模型选择框和文本生成框下方是生成图片分辨率和生成数量的设置面板，可以手动输入修改图片的分辨率。单击默认的"Normal Portrait"后可以在下拉菜单中选择它提供的分辨率，下方可修改生成图片的数量。

"Steps"和"Prompt Guidance"分别是指采样步数和提示词倾向程度，要根据不同的采样方式和画面内容来决定。采样步数控制的是AI绘画的精细程度，采样步数越多，模型绘画越精细，细节把握越好。但是对于一些非线性采样方式来说，采样步数过多容易导致画面过度拟合，从而产生画面畸形问题。提示词倾向程度则是指AI绘制的画面有多接近你在文本生成框中描绘的画面效果。当生成一幅喜欢的图之后，可以保留随机种、提示词、反向提示词及采样方式、采样步数和提示词倾向程度内配置。这样下次可以更快复现内容。虽然说一个随机种对应的是一幅画面，但是不同模型有极大的概率生成不一样的画面。在完全相同的配置下，生成的内容极有可能不同，这是扩散模型存在的一个不可避免的问题，所以保存好画面原图非常重要。

"Sampler"即采样方式，NovelAI目前提供了8种采样方式，分别是DPM++ 2M、Euler Ancestral、Euler、DPM2、DPM++ 2S Ancestral、DPM++ SDE、DPM Fast和DDIM。这些方式经过实践证明是比较适合生成动漫图片训练的模型的，其中DPM++ 2M和Euler Ancestral是表现较为优秀的采样方式。

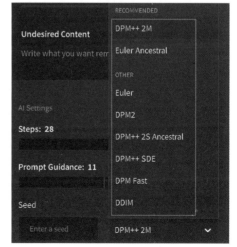

📖 **小作业**

先想象一幅长着一头长白发、有红色瞳孔且穿着长外套的动漫女孩画面，再试着在文本生成框中输入"1 girl,long white hair,red eyes,beautiful girl,long coat"这5组提示词，生成一幅插画，看看生成的插画和想象中的画面有什么区别，并思考如何使生成的画面更符合预期。

# 2.2 利用文字描述生成图片

本节将介绍如何通过NovelAI利用文字描述生成图片，同时对各类常见的参数进行基础讲解。

## 2.2.1 常见文字描述

前面我们了解了NovelAI绘画的基础操作界面，接下来尝试生成一些有特点的图片。

首先需要明确生成的主体对象，比如想要AI生成一个可爱的动漫女生，就需要输入"girl"。如果只输入这一个

提示词，那么只有性别是准确的，其他部分的表现则是随机的。在输入前尽量先准备好提示词，可细致到五官、衣服、发型、配饰等方面，描述得越细致，效果便会越好。以生成长着黑色短发、蓝色眼睛的水手服少女为例，可在文本生成框中输入"1 girl,black short hair,blue eyes,sailor collar"进行生成。

即使输入的提示词相同，不同的人生成的画面也可能会不一样，但黑色短发、蓝色眼睛和水手服等主要元素都会体现在画面中。这一示例所用的参数是"Steps:20, Prompt Guidance:11"，使用的是默认模型NAI Diffusion Anime (Curated)，分辨率是512像素×512像素且没有输入反向提示词。如果想要获得更加丰富的画面，就需要提供更多提示词。提示词变多后，难免会遇到各种画面问题，这时反向提示词就会显得非常关键。根据画面情况输入反向提示词，可相应地解决画面中的细节问题。

如果想要获得更精致的画面，可以考虑添加一些形容整体画面的词，如"masterpiece""best quality""ultra-

detailed"等。这些词一般放在提示词的最前面，充当前缀的作用。从右图可以看出，添加了形容整体画面的提示词后，生成的画面中，人物的神态表现有所提升，背景更加丰富，头发光影、人物边缘光等细节也有所增加。

除此之外，还可以尝试为画面添加简单的背景，比如让人物站在漂亮的花园里，花园里有很大的白房子。这时可以将"beautiful garden,big white house"添加到文本生成框中进行生成。

将生成图片的数量调为"4"后进行生成，在连续生成的4张图片中白房子始终处于较远的位置。如果想让白房子离人物更近些，那么可以用什么方法呢？或许大家会想到将"big white house"放到"beautiful garden"之前，实际上这样做的效果并不明显，不能从根本上解决问题。正确方法是加入"close up shot"（特写镜头）来限制画面，以获得想要的效果。

在调整提示词顺序并添加镜头限制后，从生成的图片中可看出白房子和人物的距离变近了，这说明提示词对画面效果有很大的影响。我们可以用一个简单的公式总结适合初学者的NovelAI绘画生成提示词模板，也就是"前缀+人物形象+背景+辅助效果"。

**小作业**

如果提示词顺序会影响画面，那么能不能将关于人物形象的提示词放到关于背景的提示词后面呢？尝试一下看看吧。

## 2.2.2 随机种的保存

　　NovelAI提供了8种采样方式，对应不同的画面需求。这些采样方式没有好与坏之别，只分合适与不合适。如果想均衡效率与质量，那么可以选择Euler Ancestral和DPM++ 2M；如果想以图生图，那么可以选择DDIM。调整采样方式，画面往往只有细微的变化。仍采用与前面相同的提示词，在设置"Steps:25, Prompt Guidance:11"且没有反向提示词的情况下，使用相同的随机种，分别采用这8种方式生成画面。从中可以看出，生成的画面总体效果较为相似，其中采用DPM Fast生成的画面崩坏较为严重。采用DPM++ 2M、DPM2、Euler、DDIM这4种采样方式生成的画面背景相对统一，采用DPM++ 2S Ancestral生成的画面风格相对独特。不同的模型需设置相应的采样步数，相同的采样步数下没有非常高的比较价值，但是能较为直观地看出画面风格的不同。

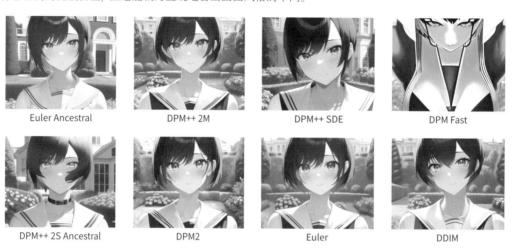

| Euler Ancestral | DPM++ 2M | DPM++ SDE | DPM Fast |
| --- | --- | --- | --- |
| DPM++ 2S Ancestral | DPM2 | Euler | DDIM |

　　随着图片采样步数和分辨率的增高，画面内容质量会有所提升，所需的硬件算力也会增加。因为NovelAI是一个在线网站，其服务器已经负担了较高的硬件算力的成本，所以在网站上生成分辨率较高的图像，生成速度也不会明显变慢，只是会消耗更多的使用点。在使用本地部署Stable Diffusion绘画时，大家便能实际感受到AI绘画生成高分辨率图像对硬件的要求极高。

Euler和DDIM不同于Euler Ancestral，它们属于线性迭代，其质量随着采样步数的增加而提升。虽然这些采样方式属于线性迭代，但是也有一个上限，采样步数超过这个上限便无法继续增加画面细节、提升画面质量。使用时，根据画面生成的具体情况，可以将采样步数调节为30~50（NovelAI中采样步数的上限为50）。在整体使用上，在采样步数20~30范围内DPM++ SDE、DPM++ 2S Ancestral表现较为良好，在采样步数30以上时DPM2表现更好，而无论采样步数是多少，DPM Fast整体效果都非常抽象，适合生成抽象风格的绘画。

"Seed"（随机种）是代表每张图片独特的数字编码。一般固定的随机种只需要搭配与生成它对应的参数和提示词即可得到相近的图像，但是基于扩散模型的特点，即使随机种和参数相同，想复现完全一致的图像也很难。"Prompt Guidance"也就是对提示词的倾向程度，数字越大，倾向程度越高。

# 2.3 利用图片生成图片

前面介绍了利用文字生成图片的操作方式和特点，接下来带领大家学习利用图片生成图片的方法，并对相关参数设置进行讲解。

## 2.3.1 任意图片生成新图片的常见方式

为了方便演示，这里使用一些简单的3D工具辅助讲解，不过不会涉及具体的3D软件操作方面的内容。

首先用DesignDoll简单摆出角色姿势，然后对人物进行截图，尽量不要让截图中出现和人物无关的要素。

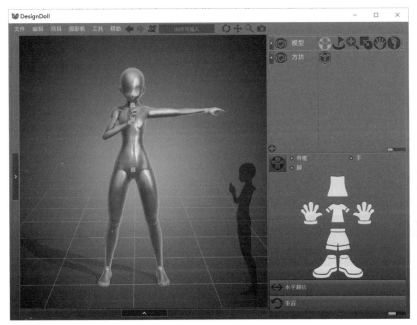

在NovelAI中上传图片，然后在文本生成框中输入提示词"Masterpiece, Ultra-detailed, 1 girl, black short hair, blue eyes, sailor collar"。

采用和"2.2.2 随机种的保存"案例中相同的参数设置，多次尝试生成后会发现，很容易生成穿着偏红色丝袜或裤子的人物。画面中红色下装的占比较大，是因为在以图生图的模式下，AI会将原图的红色元素尽可能在新生成的图像中表达出来。可通过输入反向提示词来解决这一问题。因为原图中人物整体呈暗红色，所以AI生成的画面倾向于生成暗红色下装。在文本生成框中加入关于服装细致描写（如长度、大小、风格等）的提示词便可解决这一问题。

输入"Red stockings, Red pantyhose"反向提示词，再次生成的图像中便不会出现红色丝袜或裤子了。

综上可知，利用图片生成图片时，我们不仅要考虑原图自带的一些特征（如颜色、形态等），还要学会利用反向提示词减少原图对AI生成图片的影响。

---

📖 **小作业**

思考为什么剔除红色丝袜元素后，整个角色的服装颜色风格就偏向蓝色了。

---

## 2.3.2 利用强度和噪声修改生成的图片

前面我们简单尝试了利用图片生成图片的操作，接下来探讨更复杂的内容。

利用图片生成图片，可通过调节强度（Strength）和噪声（Noise）来改变原图对画面影响的强弱。

以下面左图为例，将其上传到NovelAI中后，用与之前相同的提示词生成图片，其他设置均为默认。其中强度默认为0.7，噪声默认为0.2，生成一次可得右图。

如果保持噪声不变，将强度降低到0.2再次生成图片，生成的图片与原图效果比较相似，一些细节部分表现效果较差。

如果在强度为0.2的情况下将噪声调节至0.54，那么画面细节会有较大变化，但在较低强度变化情况下，效果不会显得跳跃。由此可知，随着噪声的增大，生成图片的细节和原图的区别显著增大。

如果将噪声调节至0.02，强度不变，生成的图片与原图对比区别不大。

如果将强度调至0.8，噪声保持0.02，则生成的图片在角色形象和姿态上具有很大的随机性。

将强度调至0.6以上，然后调节噪声，此时噪声的用途更偏向于增强随机性。例如，调整强度至0.8，调整噪声至0.73，生成的图片质量较好。

合理搭配强度和噪声能让随机性进一步提高，但是也要注意参数不要设置得太极端，否则容易出现画面崩坏的后果。总的来说，噪声和强度的搭配是具有一定的规律的，一般会将强度设置为0.5~0.7，将噪声设置为0.1~0.3。噪声值越小，对图片的修改越少；噪声值越大，对图片的随机性影响就越大。

# 2.4 NovelAI的其他使用技巧

下面通过几个简单的例子为大家介绍能影响画面的其他技巧，以更好地使用NovelAI进行创作。

## 2.4.1 利用括号增加提示词权重

在NovelAI中，如果想让某个提示词在画面中表现得更明显一点，可以通过使用不同的括号来调节提示词的权重。例如，使用"()"来修饰提示词，那么该提示词的权重会乘以1.1；而用"[]"来修饰提示词，那么该提示词的权重会除以1.1。

为了方便大家理解，继续使用之前的例子进行展示。这里采用利用文字描述生成图片的方式，"Sampler"选择"Euler Ancestral"，"Steps"为30，"Prompt Guidance"为10，不添加反向提示词。在文本生成框中加入"golden ornaments"提示词，不加括号，生成一次效果图如下，金色装饰物体现为蝴蝶结。

如果为"golden ornaments"加上小括号，那么背景中可能会出现金色元素。

通过前面两张图可以发现，权重对于画面的影响很大，增加权重会让画面中的某个元素变得更加丰富。为了降低当前案例的随机性，这里同时生成了4张图片。对比这4张图片可发现，其中两张以金色作为主要装饰背景色，这是因为一开始只指定了金色装饰物，并未限制具体是什么物品，AI会通过训练集联想到了金色背景。

添加"()"能让权重增大，那么用多层括号是否能继续增加权重呢？为了解决这个疑惑，为"golden ornaments"加了两层小括号后生成图片。这时可以发现，生成的图片中金色元素变得更多了，这证明使用多层括号会继续增加权重。

在设置不变的情况下再生成4张图片，其中两张画面中的背景是金色的，且相比之前的生成图金色占比更多。但在NovelAI中，单个提示词的多重括号带来的权重提升非常有限，有时候看不出变化，这可能是因为网站为防止权重过高造成图片效果崩坏而人为开启了限制。

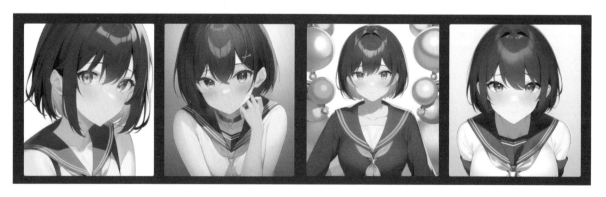

## 2.4.2 利用反向提示词减少问题的出现

在使用AI绘画时，经常会遇到各种出图问题，可以通过输入反向提示词减少问题的出现。下面介绍一些常见的反向提示词。

在人物身体比例方面，为了保证人体比例正常并减少不必要的裸露，可以将"cropped""bad anatomy""ugly""morbid""mutilated"等作为反向提示词。如果遇到手指不全、手部畸变或缺少肢体等问题，可以使用上述词加上具体部位来改善画面。如果遇到缺少手指的问题，那么就增加手部的权重，同时限制手部问题的出现。以"masterpiece,best quality,1 girl,black short hair,blue eyes,sailor collar,(golden ornaments),full body,long dress,hands"提示词为例，提示词中没有强调手，也没有另外添加反向提示词，结果生成的图片中手部细节丢失严重。接下来尝试改善画面效果。

首先将"bad anatomy,ugly,morbid,mutilated"作为反向提示词，然后针对手部问题在反向提示词处添加"bad hands""fused fingers""mutated hands""missing fingers"等词组。因为"hands"是复数，AI倾向于生成两只互为镜像的手，所以加入"cloned"反向提示词，以防止AI直接复制多个主体。添加反向提示词再次生成后，手部的变化十分有限，所以需要增大反向提示词的权重。

增加"bad hands""fused fingers""mutated hands""missing fingers"等反向提示词的权重，并且在文本生成框中输入"beautiful hands""extremely detailed hands"等形容精致、漂亮的手部的词组，同时填入"blurry""worst quality""low quality""normal quality"等反向提示词，生成的图片中手部细节表现有了明显改善，但由于画面展示的范围较大，手部所占的比例较小，因此对手部的表现并没有近景好。

## 2.4.3 不同画风和主题的常用提示词

学好前面的知识后，便可以让AI画出较为准确的画面了。下面简单介绍几种可用AI表现的绘画风格及每种风格的常用提示词，更多细节会在后面的内容中展开讲解。

### » 华丽风

华丽风画面的色调以金色为主，这就需要用许多形容金色物体的提示词来强化AI的联想，通过输入金色头发、金色眼睛、白净的皮肤和金色饰品等来表现华丽宫殿里的公主。整体结构大致为"前缀+人物+背景"，设置"Steps"为35，"Prompt Guidance"为9，"Sampler"为"Euler Ancestral"。

**提示词：**(masterpiece),best quality,(beautiful detailed eyes),(only 1 girl),extremely detailed CG unity 8k wallpaper,highly detailed,official-art,highres,original,blonde hair,yellow eyes,white skin,slim legs,(human hands),mature female,sunrise,golden sky,magnificent architecture,beautiful detailed sky,overexposure,detailed background,delicate gold metal decorations,long skirt,long dress。

**反向提示词：**huge calf,bad anatomy,liquid body,disfigured,malformed,mutated,anatomical nonsense,error,malformed hands,long neck,blurred,lowers,lowres,bad proportions,bad shadow,uncoordinated body,unnatural body,text,cropped,watermark,username,blurry,jpeg artifacts,signature,missing fingers,worst low normal quality,bad face,blurry,mutation,poorly drawn,huge thighs。

## » 赛博朋克风

赛博朋克角色有个很重要的特征就是机械假体和金属部件，色调以霓虹色、多种荧光色及冷色的混合为主。为了让作品的赛博朋克风格更明显，可以先看一些相关领域的作品，比如游戏、游戏改编成的动漫或电影等都是非常好的参考。设置"Steps"为35，"Prompt Guidance"为9，"Sampler"为"Euler Ancestral"。

**提示词：**((masterpiece)),best quality,amazing,beautiful detailed eyes,colorful background,(mechanical prosthesis),mecha coverage,fluorescent neon,high saturation,1 girl,shiny red eyes,beautiful cyberpunk car,blue and yellow hair,beautiful detailed glow,expressionless,cold expression,long hair,lace arm,dynamic composition,motion,ultra - detailed,incredibly detailed,amazing fine details and brush strokes,smooth,Cyberpunk concept art digital painting。

**反向提示词：**lowres,bad anatomy,bad legs,bad hands,missing fingers,fewer digits,cropped,worst quality,low quality,normal quality,jpeg,artifacts,signature,watermark,username,blurry,bad feet,bad anatomy,bad hands,bad body,bad proportions,worst quality,low quality。

## » 可爱风

可爱风可融合的特点很多，以表现人物为主，这里以猫娘为例进行展示。在没有绘制肢体的情况下，从得到的效果可以看出AI对人物形态的把握非常到位。设置"Steps"为35，"Prompt Guidance"为9，"Sampler"为"Euler Ancestral"。

**提示词：** ((best quality)),((masterpiece)),((ultra-detailed)),(illustration),(detailed light),(an extremely delicate and beautiful),a girl,solo,(beautiful detailed eyes),yellow cat eyes,(((Vertical pupil))),two-tone hair:yellow and brown,shiny hair,colored inner hair,(brown cat ear),red-hair ornament,cat ornament,depth of field。

**反向提示词：** lowres,bad anatomy,error,extra digit,fewer digits,worst quality,(blurry:1.1),low quality,normal quality,jpeg artifacts,signature,watermark,username,missing arms,two girls。

## » 纯景物风

由于景物具有静态特点，绘制纯景物时需要注意的点没有绘制人物时多，因此相对容易绘制。这里绘制一幅蒸汽朋克风格的维多利亚时代蒸汽机车场景。绘制景物时，设置合适的分辨率才能获得较好的效果，这里将分辨率设置为768像素×512像素。设置"Steps"为35，"Prompt Guidance"为9，"Sampler"为"Euler Ancestral"。

**提示词：** ((masterpiece)),best quality,((best illustration)),(city),steampunk,depth of field,steam locomotive,victorian era。

**反向提示词：** lowres,bad anatomy,error,extra digit,lewer digits,worst quality(blurry:1.1),low quality,normal quality,jpeg artifacts,signature,watermark,username,missingarms,two girls。

第 3 章
绘画工具
Stable Diffusion

# 3.1 Stable Diffusion安装配置介绍

通过前面对NovelAI的了解和尝试，相信大家已经初步了解了AI绘画的能力。NovelAI风格更偏向二次元动漫，而如果想要生成其他风格（如写实风格）的图片，使用它往往会遇到很多困难，图片的表现效果相对没那么好。其实NovelAI是基于Stable Diffusion的绘画模型之一，想要图片风格更加多元，就要先了解Stable Diffusion的相关知识。

Stable Diffusion作为一款开源模型，有很多的在线版本，当然也有离线版本。一般在线版本都会收取一定的费用，而离线版本不需要，且离线版本的模型可以根据需要任意选择，可拓展性强。2022年10月，Stable Diffusion尚处于一个较为常规的版本阶段，即使推出了Stable Diffusion 2.0，也没能解决AI绘画最难跨越的可控性问题。2023年1月，基于Stable Diffusion的 LoRA和ControlNet插件被推出，这两个插件极大地提升了AI绘画的可控性，为AI绘画进一步解放生产力提供了非常大的帮助，比如在游戏设计行业中使用Stable Diffusion为游戏概念设定提供构思和灵感，提高原画师的工作效率。随着新插件和AI绘画网站的增多，更多的人加入训练Stable Diffusion模型的队伍中。AI在此过程中不断迭代和进步，对人物的绘制已经达到了照相机的级别，在对不同风格角色的描述和训练中也已经能够很好地把握训练素材的特征。或许等一段时间后，AI绘画的发展速度又将呈指数级提升，届时配合类似ChatGPT这样的语言模型便可轻松生成想要的画面。当然，AI绘画不止Stable Diffusion这一种方式，还有Midjourney、DALL-E 2等AI绘画产品可供体验，但这些产品大都没有开源，其拓展性和知名度并没有Stable Diffusion这么好。

因为离线版本开源且拓展性极强，加装一些插件后效果比在线版本要好，所以后续将着重介绍Stable Diffusion的离线版本。安装Stable Diffusion对计算机的配置有一定的要求，主要体现在显存方面，显存越大，生成高分辨率画面的速度越快，画面效果越好，也能有效减小软件崩溃的概率。这里推荐使用8GB的显卡，实际应用中也可以使用4GB和6GB的显卡。其中GTX或RTX系列的显卡是针对游戏的高性能显卡，其架构完善，能更好地适应各类不同的工作软件和游戏需求，是不错的选择。如果预算充足，可以购买最新的显卡；如果预算有限，可以购买往年推出的旗舰显卡。CPU方面没有特别的要求，最好能与显卡相匹配，代差不要太大。

# 3.2 本地部署合适的安装环境

将Stable Diffusion部署到本地计算机需要安装所需的软件和运行环境，在安装过程中可能会遇到一些问题，本节将进行介绍和解答。本书采用的是webui 1.2版本，可以在GitHub相关页面中找到webui 1.3及以上版本，部分操作稍有变动，需要读者自行探索。

## 3.2.1 下载并安装Python和Git环境

基于Stable Diffusion的开源特性，我们可以直接从网上下载其源代码。为了方便使用，一般会下载GitHub的开源项目，因为该Stable Diffusion提供了可视化的编辑界面，而且更新频率极高，每个月都能看到这个项目的巨大变化。在安装渠道方面，可以在GitHub上克隆项目，也可以使用整合包。两者区别不大，不过可以将克隆项目看作原版，一切整合包都是基于此克隆项目，因此这里会详细介绍如何从GitHub上克隆该项目。

首先需要打开GitHub进入Stable Diffusion对应项目的页面。

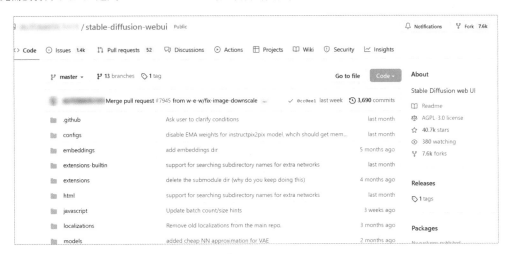

往下滑动找到安装介绍栏目，此时可以打开浏览器自带的翻译功能。根据说明可知，需要下载Python 3.10.6版本，并且在安装时要勾选"Add Python3.10 to PATH"选项（将Python添加到PATH环境变量）。单击界面中蓝色字体的Python 3.10.6即可进入Python的官网下载页面。

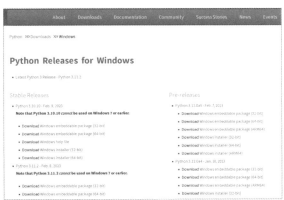

在页面中找到所需版本。注意这里提示了Python 3.10.6版本不能安装在Windows 7或更早的版本上，大家可使用Windows 10或Windows 11等更高版本。单击其中的"Windows installer（64-bit）"下载并安装，如果计算机系统版本是32位，那么下载"32-bit"版本即可。

下载完毕后双击安装包安装，或选中后单击鼠标右键并选择"以管理员身份运行"，选择需要安装的路径和模块（一般可以更改路径，但不更改默认安装模块）。最后一定要注意勾选"Add Python3.10 to PATH"选项，否则会影响后续流程。Python安装完毕后，同样单击蓝色字体"Git"以进入相关页面（Git是一个开源的分布式版本控制系统，对于同步更新本地版本非常有用，我们也需要它来完成在GitHub上克隆项目的操作）。进入后选择"Standalone Installer"下的"64-bit Git for Windows Setup"（32位系统选择"32-bit Git for Windows Setup"）以下载。

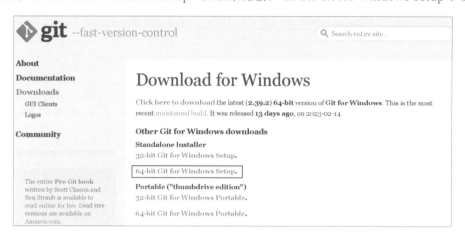

下载完毕后同样双击安装包以安装，或选中后单击鼠标右键并选择"以管理员身份运行"。非专业开发者可一直单击"Next"，选择默认的设置和环境直到安装完成。

Python和Git都安装完毕后，就可以正式准备安装Stable Diffusion了。不同于常见的计算机软件安装形式，这里需要在计算机里有较大存储空间的磁盘（最好预留20GB以上的空间）上新建一个文件夹。在文件夹窗口上方的地址栏中删除原来的路径并输入"CMD"，此时会弹出命令提示符窗口。该窗口读取了当前文件夹的路径并等待接收后续的指令。

在浏览器中打开GitHub的页面，找到克隆代码，将其复制下来输入命令提示符窗口并按回车键，计算机就会自动执行克隆程序，其间保持网络畅通，等待克隆完毕即可。

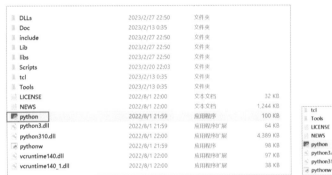

克隆结束会提示"100%"和"done"，此时关闭该窗口以继续完成后面的安装步骤。

接下来找到安装Python的位置，找到其安装目录后选中Python应用程序，按住Shift键并单击鼠标右键，选择"复制文件地址"。

复制后回到Stable Diffusion的目录，选择"webui-user"批处理文件并单击鼠标右键，选择用编译器打开（任意编译器都可以，如果没有编译器也可以用记事本）。

打开后将之前复制的Python路径粘贴到"set PYTHON="的后面，然后在"set COMMANDLINE_ARGS="后面手动输入"--xformers"，完成后保存并关闭窗口。

```
@echo off

set PYTHON= "E:\PYTHON3.10.6\python.exe"
set GIT=
set VENV_DIR=
set COMMANDLINE_ARGS=--xformers

call webui.bat
```

双击保存的这个文件，等待一会儿后会提示pip需要升级，复制绿色字体的路径并粘贴到地址栏上，按回车键就可以自动升级（每个人Stable Diffusion的安装目录都不同，复制自己的路径就可以，不可照抄书上的路径）。

等更新结束后再次打开"webui-user"批处理文件，按照正常流程就可以自动更新和下载需要的文件了。但是网络访问可能会受到限制导致报错，因此还要找到"launch"Python文件并单击鼠标右键，选择"Edit with IDLE"并选择当前的Python版本（安装完Python后就会有这个选项，如果没有，请检查安装是否正确，是否将其添加进了PATH环境变量中）。

打开Python编辑器后会出现左下方这样一个窗口，按快捷键Ctrl+H会弹出"Replace Dialog"（替换文本）对话框。在"Find"文本框中输入"github"，并在"Replace with"文本框中输入能找到的本地源即可，然后单击"Replace All"按钮。按快捷键Ctrl+S保存更改并关闭launch编辑窗口。

再次打开"webui-user"批处理文件等待安装，如果安装出现问题，可以先检查网络或本地源名称。

| | | | | |
|---|---|---|---|---|
| webui | 2023/2/27 23:12 | Shell Script | 6 KB |
| webui-macos-env | 2023/2/27 23:12 | Shell Script | 1 KB |
| webui-user | 2023/2/27 23:37 | Windows 批处理... | 1 KB |
| webui-user | 2023/2/27 23:12 | Shell Script | 2 KB |

打开后会弹出以下窗口，此时会自动逐一安装Gfpgan、Clip、Open_clip等基础运行模型。受网络影响，整个过程的持续时间不定，可能10分钟，也可能两小时。如果长时间没有变化，可通过互联网搜索相关问题并解决。

因为笔者的Stable Diffusion已装好且添加了模型和VAE，所以会多出一些加载模型的命令。接下来复制URL地址并粘贴到浏览器来打开。

注意运行期间不能关闭以上步骤的命令提示符窗口，如果关闭了，网页将无法运行。网页只是一个将程序可视化的界面，如果关闭了执行程序本体，网页也将无法正常运行。至此，我们已经完成了Stable Diffusion的本体和可视化界面的安装，接下来只需要放入模型和VAE就可以开启神奇的AI绘画之旅了。

如果想要实现更多有趣或真实、高效的效果，可以添加LoRA模型或ControlNet插件。这些内容将在后面介绍。在实际安装时，可能会出现一些常见问题，笔者针对以下两点展开分析并给出解决办法。

**第1点，Python无法正确启动。**

如果在复制Python路径到"webui-user"批处理文件中后，再双击"webui-user"后显示"系统找不到指定的路径"，很可能是因为使用了免安装版本的Python。虽然这种版本无须安装，但没有将Python添加到计算机系统环境变量中，所以无法找到指定路径。因此要选择版本正确（Python 3.10.6版本）且通过安装包来安装的版本。

同样，Git也要按流程选择指定版本，不可随意下载。以下为Windows安装包的图标，注意甄别。

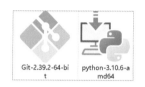

**第2点，显卡驱动太老或显卡为集成显卡，提示更新驱动。**

显卡太老导致提示更新驱动的问题也很好解决，下载一个能更新驱动的软件升级显卡驱动即可。一些轻薄笔记本式计算机和较老的台式机没有独立的显卡，使用的是集式显卡或过时显卡，也极有可能会报错，这样的问题就只能通过更换更新的显卡或计算机来解决。

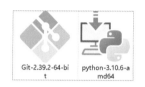

# 3.2.2 添加模型训练集

完成了Stable Diffusion的本地化部署仍无法进行正常的AI绘画，还需要一个模型训练集才能使用Stable Diffusion进行创作。模型训练集选择较多，常用的模型网站是Hugging Face和CIVITAI。如果觉得上面的内容非常烦琐且难懂，也可以搜索可解压使用的AI绘画整合包，以免除添加模型或插件的烦恼。由于AI绘画发展很快，Stable Diffusion的版本往往每个月都有变化，因此需要时刻注意将整合包更新到最新版本以适应较新的插件。不过在掌握了AI绘画的使用方法后，无论其怎么更新都可以快速上手。这里着重介绍使用能够下载AI绘画模型的网站来添加模型和组件，AI绘画整合包的下载和使用就不进行演示了。

要下载AI绘画模型，可以进入CIVITAI网站，然后单击右上角的"Sign In"按钮登录或注册新账号。

进入网站后可以看到首页有很多各种类型的训练模型预览，左上角有不同的标签，比如"LORA"和"CHECKPOINT"等。在本地部署的AI绘画中，Checkpoint下载后一般放在Stable Diffusion的"models\Stable-diffusion"目录下，它主要是构建好的训练大模型，LoRA主要放在"models\Lora"目录下，其更像一种画面滤镜，使用该模型能得到风格相似的画面。

除此之外，还有Textual Inversion、Hypernetwork等训练模型，都可以下载并放入Stable Diffusion对应的目录中，可自由切换。

CIVITAI网站上有各种各样的训练模型，几乎包括从超写实照片风格到卡通风格的一切模型。这里随机挑一个模型进行操作演示，点进去后可以看到如下页面。单击"Download"按钮即可下载模型，下方还标注出了模型的种类、下载数量、最新上传时间、模型需要的最低Stable Diffusion版本、触发关键词等信息。介绍栏的右下角有使用公约，将鼠标指针放置在上方即可看到上面显示非售卖模型等内容。

单击下面的"License"会进入相关的许可页面，还会跳转到Hugging Face页面，可以详细阅读相关开放性的许可说明。

Hugging Face本身是个开源且可以随意调用训练集和模型的代码仓库，有很多程序员都会在这里调用或上传各类开源项目，它比CIVITAI使用范围更广，不过想要上手有一定的门槛，且在国内它的使用范围可能没有GitHub那么广。

同样，Hugging Face也有很多AI绘画模型训练集可供自由下载使用。这里用兼顾实用性和拓展性的OrangeMixs模型来演示，在Hugging Face上搜索OrangeMixs并打开，可以发现有很多版块，"Model card"中是模型的版本更新内容、模型介绍等，"Files and versions"中是模型的源代码文件及版本信息，"Community"中则是网友的各种讨论。以下是"Files and versions"页面。

在"Moder card"中找到自己喜欢的图片并看一下其应用的模型，大致了解给出的参考参数和提示词。以模型"AbyssOrangeMix（AOM）"为例，到"Files and versions"中单击"Models"，找到"AbyssOrangeMix3"（之所以不选"AbyssOrangeMix"和"AbyssOrangeMix 2"，是因为笔者发现它们占用空间较大，模型单体文件在5GB以上，而"AbyssOrangeMix3"的模型单体文件只需要2.13GB）。

点进去就可以看到AOM版本了，任选一个下载即可，当然也可以全部下载下来，然后逐一测试效果。下载时单击"LFS"按钮，浏览器便会执行下载任务。当然也可以使用Git克隆指定代码或整个项目，但耗时相对较长。

|  |  |  |  |  |
| --- | --- | --- | --- | --- |
| Add AOM3A1B a9ca55c | | | | about 13 hours ago |
| AOM3.safetensors | 2.13 GB | ⊛ LFS ↓ | Add AbyssOrangeMix3 | 10 days ago |
| AOM3A1.safetensors | 2.13 GB | ⊛ LFS ↓ | Add AbyssOrangeMix3 | 10 days ago |
| AOM3A1B.safetensors | 2.13 GB | ⊛ LFS ↓ | Add AOM3A1B | about 13 hours ago |
| AOM3A2.safetensors | 2.13 GB | ⊛ LFS ↓ | Add AbyssOrangeMix3 | 10 days ago |
| AOM3A3.safetensors | 2.13 GB | ⊛ LFS ↓ | Add AbyssOrangeMix3 | 10 days ago |

| | | |
| --- | --- | --- |
| AOM3A1B.safetensors | 2.13 GB ⊛ LFS ↓ | Add AOM3A1B |
| AOM3A2.safetensors | 2.13 GB Download file | Add AbyssOrangeMix3 |
| AOM3A3.safetensors | 2.13 GB ⊛ LFS ↓ | Add AbyssOrangeMix3 |

只下载模型是不够的，还必须有VAE辅助画面生成才可以，否则无论是效果还是色彩都无法达标，生成的画面会有灰蒙蒙的感觉。

单击"VAEs"打开文件夹后可以发现，里面有一个"orangemix.vae.pt"文件，也就是我们要下载的文件。".md"文件是公约，非模型必要的运行文件，不过其中可能会有推荐模型生成参数或教学内容。由于每个模型所需的VAE都是不同的，因此一定要下载模型指定的VAE。在CIVITAI上也是一样的，要找到推荐的VAE下载地址（很多都是Hugging Face地址）。

接下来进入实操阶段。先任意下载一个AOM3系列的模型文件，这里选择了第一个。下载后在"webui"中找到"models"文件夹并进入，其中有各种各样的模型存放文件夹（这些文件夹都是空的）。如果发现文件夹较少，可能是因为使用了旧版整合包，在保持网络畅通的同时更新一下Stable Diffusion即可。找到"Stable-diffusion"文件夹并进入，然后将下载下来的模型文件复制到该文件夹中。

完成这些步骤后，还需要将VAE下载后放入对应的模型文件夹中。

进入Stable Diffusion的根目录，双击文件夹中的"webui-user"批处理文件，在弹出的窗口中，复制URL地址，粘贴到浏览器中并打开。左上角有可选择模型的下拉列表框，单击以选择对应的模型。

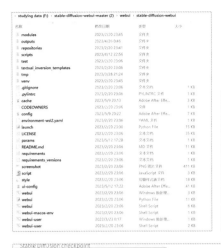

在"txt2img"中输入几个提示词，如"masterpiece,best quality,highly detailed,1 girl,delicate anime face,long beautiful dress"。输入的提示词比较简单，为了让画面更合理，可以将"Sampling steps"（采样步数）调高到40以获得更好的效果（其他参数可不变动），由此便可得到一张图片。

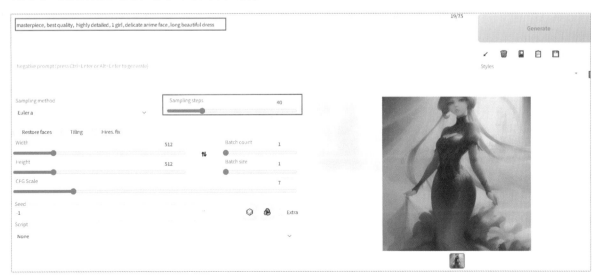

这里将单次生成数量"Batch count"调为6以便更好地观察。不过我们会发现画面在生成快结束的一瞬间突然变灰了，这是因为没有加载VAE。在将其放到对应文件夹后，还需要到"Settings"中指定VAE才能避免这一问题。

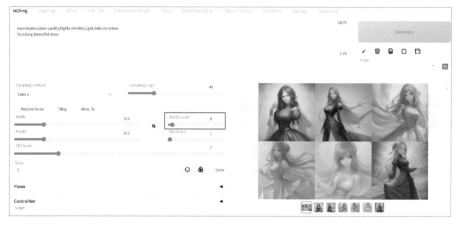

单击"Settings"后在左边找到"Stable Diffusion"，单击后便可以进行VAE模型的选择。

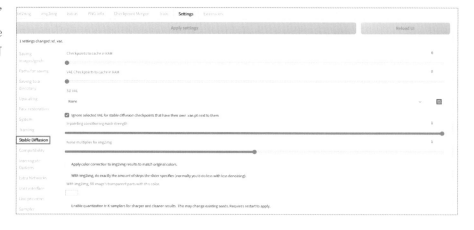

单击"SD VAE"下拉列表框选择这个模型对应的VAE，选择完成后一定要单击上方的"Apply settings"以保存设置。

回到"txt2img"并再次单击"Generate"，可以看到此时生成的图片色彩明显丰富且艳丽，饱和度回到了正常状态（因为没有输入颜色相关的提示词，所以颜色都是随机的）。

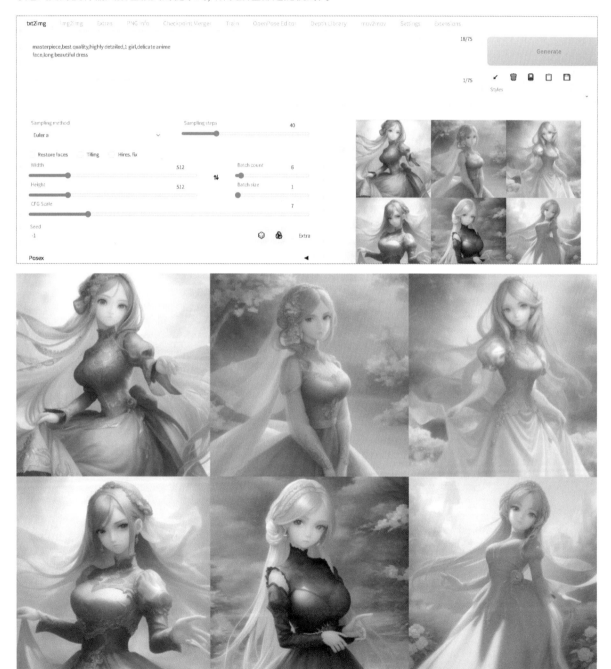

# 3.3 Stable Diffusion基础页面介绍

前面讲解了如何安装Stable Diffusion以及如何添加模型和VAE，接下来着重介绍Stable Diffusion的页面。

## 3.3.1 "txt2img"和"img2img"页面介绍

"txt2img"是指依据文本生成图像，"img2img"是指依据图像生成图像，一般常用的图片生成方式就是这两种。AI绘画的模型种类很多，但因为"safetensors"文件在安全性上表现较好，所以越来越多的人开始使用Safetensors模型。

## 3.3.2 "Train"页面介绍

常见的绘画训练模型有Dreambooth、Hypernetwork、LoRA和Textual Inversion，这4种模型各有特点。相对来说，Dreambooth的效果最好，但占用空间较大；LoRA的训练速度快，难度低。本书不涉及复杂的大模型数据训练，只讲解对于大家来说方便训练的模型。

"Train"选项卡包含"Create embedding""Create hypernetwork""preprocess images""Train"4个子选项卡，每个子选项卡中均可设置相应参数。

### 3.3.3 "Settings"页面介绍

可以在"Saving images/grids"中通过勾选或取消勾选"Always save all generated images"选项确定是否始终保存所有生成的图片。还可以在此处确定图片的存储格式。图片的存储格式需要手动输入。"Paths for saving"是指生成图片的存储路径，包括"txt2img-images""img2img-images"等文件夹，在安装目录下的"outputs"文件夹中可以找到。如果生成的图片较多但磁盘容量有限，可以考虑更改存储路径，非必要情况下不建议更改默认路径。

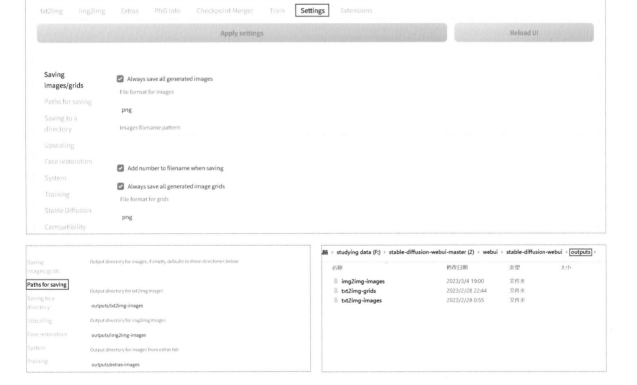

"Stable Diffusion"中涉及较为重要的内容。在这里可选择模型的VAE并调节模型缓存和VAE缓存在内存中的占用等级。默认的占用等级为0，提高占用等级可加快AI绘画速度。其他设置选项一般用得不多。

### 3.3.4 "Extensions"页面介绍

在"Extensions"中可看到目前Stable Diffusion已经集成的内置插件，较老的版本可能没有这些插件。我们可以检查更新并勾选新的插件版本，然后单击"Apply and restart UI"以应用并重启Stable Diffusion。

也可以加载一些目前可用的新插件或直接输入地址从相关插件代码库中安装对应的插件，而完成这些操作的前提是网络足够通畅，因此有时候可能会需要网络加速。

# 3.4 尝试用Stable Diffusion绘画

在了解了Stable Diffusion的基础页面后，便可以开始进行AI绘画了。接下来将使用文本生成图像、图像生成图像的方式来绘画，同时介绍如何通过调整提示词来获得更好的画面效果，以让大家了解Stable Diffusion的基础操作。

## 3.4.1 利用"txt2img"绘画

这里使用AbyssOrangeMix3模型和与它对应的VAE进行演示，图片更偏向二次元风格，可根据自己的喜好选择合适的模型。

先将提示词写在"txt2img"的文本生成框中，一般将形容图片质量的词或词组放在最前面，如"extremely detailed 4k CG wallpaper"。然后增添细节形容词。例如，打算绘制一个蓝色长发和蓝色眼睛的女孩，那么可输入"1 girl"和"long blue hair and blue eyes"。

这里先不管下面的参数调整，直接用默认的参数来生成图片。单击"Generate"后可以看到进度条，生成进度的快慢与显卡配置相关，显卡性能越高，进度越快。生成的图片会显示在右下方。单击生成的图片，图片会放大。图片下方有6个按钮。可以单击下方的"Save"按钮，弹出下载对话框，单击"zip"按钮后会在图片下方弹出压缩包格式的图片的下载链接。也可以单击其他按钮，将图片及其相关信息对应地发送到"img2img""inpaint""extras"中。在默认设置下，所有生成的图片都会自动保存在本地，单击黄色文件夹图标可看到生成的图片。

接下来要做的是继续优化画面。输入"lowres,bad anatomy,bad hands,text,error,missing fingers,extra digit,fewer digits,cropped,worst quality,low quality,normal quality,jpeg artifacts,signature,watermark,username,blurry"反向提示词，再次单击生成按钮便可得到优化后的画面。

因为现在只是进行了较为简单的AI绘画尝试，没有规定镜头、背景、服装、色彩等细节，所以生成效果带有很强的随机性。目前只要画面中有提示词提到的元素就是正常的，无须纠结如何达到和示例画面一致。

16/75

extremely detailed 4k CG wallpaper,1girl,long blue hair and blue eyes

45/75

lowres, bad anatomy, bad hands, text, error, missing fingers, extra digit, fewer digits, cropped, worst quality, low quality, normal quality, jpeg artifacts, signature, watermark, username, blurry

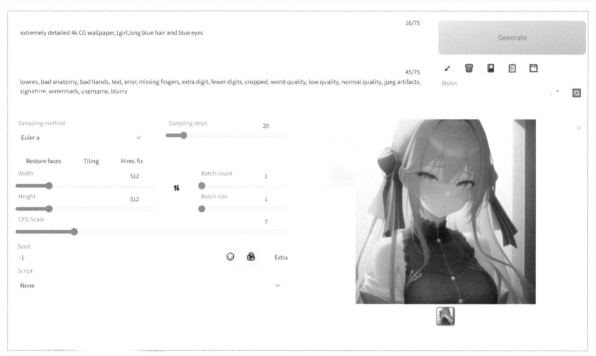

接下来在以上成图的基础上调节参数。首先将"Batch count"（生成图片数量）调整到6张，然后单击生成按钮查看效果。可以看到，增加生成图片数量后生成效果的可能性更大了，但这会增加显卡负担，导致生成速度变慢。

将"Sampling steps"（采样步数）调整到60，"Sampling method"（采样方式）保持不变，再次生成，乍一看似乎没什么变化，但放大图片后可明显看到细节更丰富（如衣服纹理更明显、头发形状更复杂等）了，而且画面背景更显精致，整体空间感更强了。

页面右下角会展示当前图像的提示词、反向提示词、随机种、相关尺寸、采样步数和采样方式等信息。在获得满意的图片效果后，可以复制这些信息并保存到记事本或文档中，以方便之后再利用。

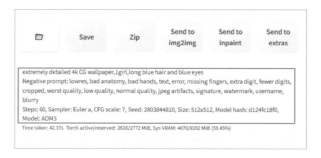

## 3.4.2 利用 "img2img" 绘画

"img2img"与"txt2img"相比，只是多了一个放置图片的区域。使用时可直接将图片拖入该区域，也可以单击该区域，在弹出的对话框中选择图片。下面直接用"txt2img"生成的图片进行AI绘画。

首先把图片拖入"img2img"左侧放置图片的区域，然后将头发改为黑色，将衣服改为白色，也就是将"extremely detailed 4k CG wallpaper,1 girl,long black hair and blue eyes,white shirt"作为提示词，反向提示词不变，参数也保持默认。

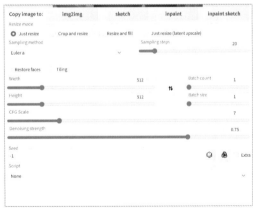

19/75

extremely detailed 4k CG wallpaper,1girl,long black hair and blue eyes,white shirt

0/75

lowres, bad anatomy, bad hands, text, error, missing fingers, extra digit, fewer digits, cropped, worst quality, low quality, normal quality, jpeg artifacts, signature, watermark, username, blurry

这次生成图片很可能会获得一张与原图构图相似的图片。如果生成的图片不能很好地还原原图，多生成几次即可。

对比两张图片可以发现，衣服样式和颜色有一定变化，头发颜色也有改变，但仍带有蓝色元素，如果想继续调整颜色，那么可以修改可能影响头发颜色的元素。

提示词"long black hair and blue eyes"是一个整体，没有权重区分，可以将它断开，改为"long black hair,blue eyes"，然后加入"blue hair"反向提示词，再次单击生成按钮。因为没有加入关于脸部的提示词，所以画面中可能会没有人物脸部。这时就要多生成几次，以获得与原图相似的画面。

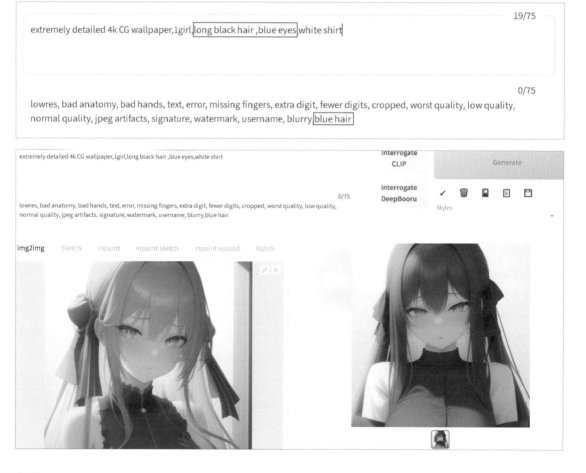

综上可知，在利用"img2img"绘画时，原图中的元素对生成的画面影响较大，这是因为扩散模型是从较小的像素开始不断加噪声和去噪声的，而原图中占比较多的是蓝色和黑色像素，这导致生成的画面中蓝色和黑色占比较多。以图生图的方法比较适合确定了画面元素后再进行绘制，或者使用没有任何颜色的草稿进行绘制的情况，这样能大幅减少后期修改的工作量。

## 3.4.3 调整提示词以优化画面效果

下面将在前面案例提示词的基础上进行调整，分别从人物的脸部、人物的头发、人物的服装等方面介绍如何让角色获得更好的效果。

首先是人物的脸部，在"1 girl"的后面加上"one eye closed"，单击生成按钮后效果如下。注意形容人物脸部的提示词尽量不要加在最后，否则容易出现各类畸形问题。

如果想要星星形状的瞳孔，将"one eye closed"改成"star-shaped pupils"即可。

如果想要双色异瞳，将"star-shaped pupils"改成"heterochromia"即可。

关于笑的描述，大笑常用"laughing"，微笑常用"smile"。人物表情的提示词统一放在"1 girl"后面并按重要程度依次排序即可。

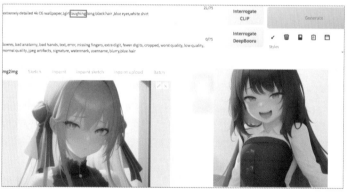

下面尝试一些其他表情，如用"embarrassed"来表现尴尬。使用这个模型时，若不输入描述脸的提示词，容易生成只有腰腹部的图片，因此这里加上"cute face"作为引导。

用"flustered"来表现人物，人物的表情效果变化不大。

以图生图生成的人物表情都有原图"八"字眉的效果，而这种效果往往是表现忧愁的。在表现一些偏向开心的情绪时，这种表情并不合适。下面尝试将所有提示词和反向提示词复制并粘贴到"txt2img"中，将"flustered"换成"sleeping"，将"cute"换成"beautiful"，然后继续生成。

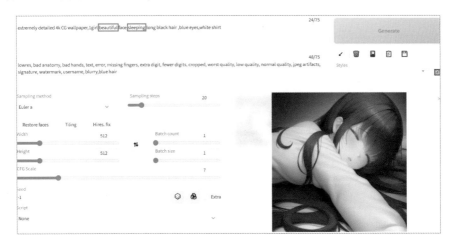

如果想表现悲伤的表情，用"crying"即可得到泪流满面的效果，用"tearing up"便可得到努力不哭出来的效果。眼泪可能会看不太清，可以放大查看细节效果。

关于人物的头发，可用"short hair""bob cut""bowl cut"等来表现常见的短发。如果想表现马尾，可用"ponytail""short ponytail""side ponytail""high ponytail"等。如果想表现卷发或辫子，那么可以用"braid""crown braid""French braid"等。

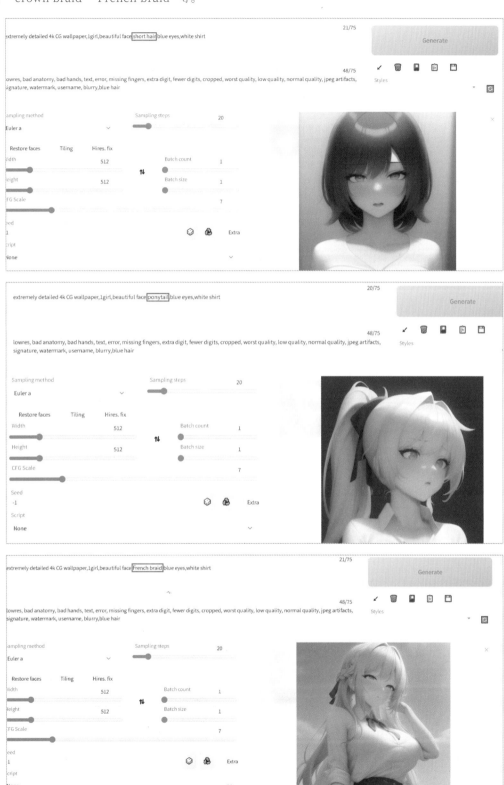

关于人物的服装，当前服装比较单调，以衬衫为主，调整时可以加上外套。比如，大衣可用"coat""trench coat""midi coat""chesterfield coat""long coat""raincoat""overcoat"等表现。为了看到人物全身效果，可在服装提示词前面加上"full body"，然后将原来的"white shirt"改为"white coat"即可。此时生成的图中，人物的整体效果变得粗糙了许多，这是因为描绘人物时，服装和人物身体占了很多资源，需要通过提高分辨率和采样来获得更高质量的图片。这里将"Width"和"Height"都从512像素提高到了768像素，将"Sampling steps"从20提高到了30，生成的图中背景也变得更丰富了，不再是单调的纯色背景。

如果想为人物穿上斗篷、长袍之类的披挂式服装，可用"cloak""robe""capelet"等进行提示。

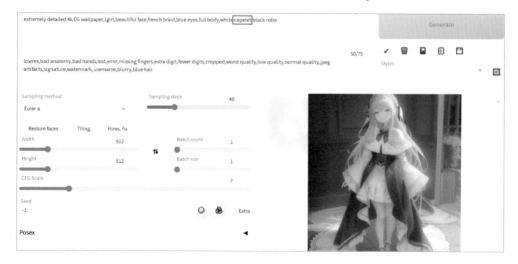

如果想表现商业装（如西装、夹克等），可用"business suit""blazer"等来描述。如果想表现比较休闲的夹克，可用"jean jacket"来描述。

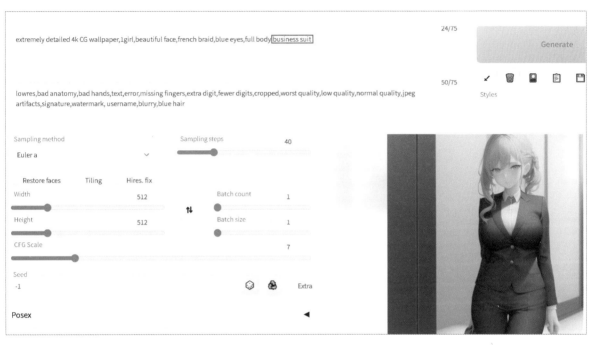

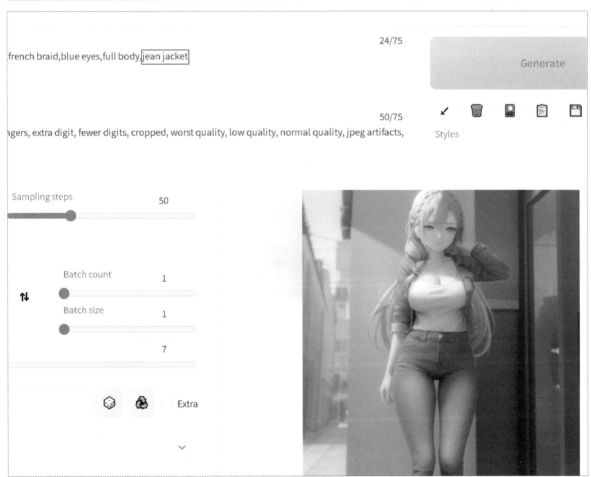

如果想表现带帽的卫衣或夹克，可以直接用"hoodie""hooded jacket"等来描述。裙子可用"apron""lolita""chemise"等来描述。

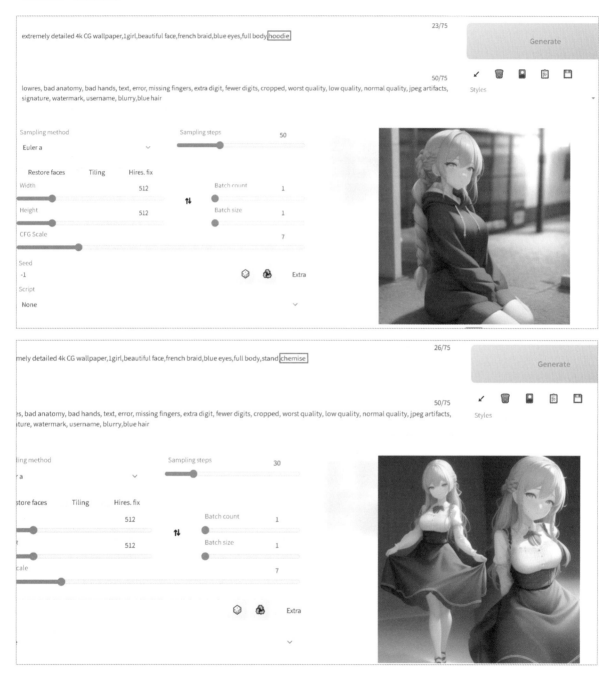

尝试生成黑发、红眼，穿着黑外套和短裙，扎着双马尾的少女图片，以此来检验自己的学习成果。

# 3.5 尝试进阶操作

下面通过几个例子讲解一些常见的进阶操作，比如使用X/Y/Z plot来控制变量，从而快速得到多种不同方案绘制的图像，并进行对比，再介绍使用Emoji表情来快速制作一些意想不到的效果。

## 3.5.1 采样方式和采样步数的选择

AI绘画的随机性很强，采用不同的采样方式和采样步数对画面的影响不一样。为了能更直观地对比画面效果，通常会使用内置的X/Y/Z plot来进行对比。控制变量对于AI绘画的差异性控制非常重要，在可控性调节上，X/Y/Z plot非常高效。接下来介绍如何使用X/Y/Z plot。

在"txt2img"页面底部有一个"Script"（脚本），默认情况是"None"，也就是什么都没开启。单击"Script"下拉列表框，选择"X/Y/Z plot"。由该名称可知，该脚本至少可以对比3个不同的变量。选择"X/Y/Z plot"后可以看到，有非常多的参数可以调节。这里只演示基础易懂的操作。

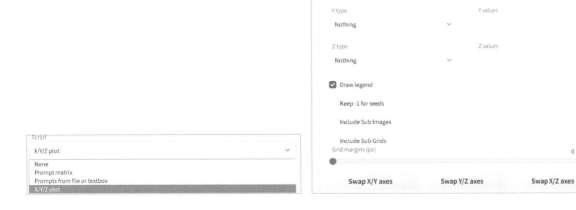

单击"X type"下拉列表框，选择"Sampler"，就可以看到能进行控制和对比的变量。在对应的"X values"中手动输入想对比的采样方式，常见的如Euler a、Euler、DPM++ 2M、DDIM等（注意DPM++ 2M应在"+"和"2M"之间加上空格，否则会报错）。在"Y type"中选择"Steps"（迭代步数），在对应的"Y values"中手动输入如"20,30,40,50"等常见的迭代步数。需要注意的是，对比项之间要用英文逗号隔开，否则会识别不了，导致无法出图，且会报错。"Z type"保持默认的"Nothing"即可。

将前面案例的提示词稍加修改后输入，然后勾选"Draw legend"，让软件把相应参数列举出来，便于对比。

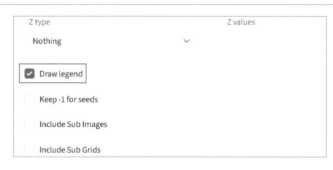

单击生成按钮开始生成，因为同时生成的图片数量比较多（使用X/Y/Z plot将4种采样方式和4种采样步数进行对比，AI就会绘制出相应图片并放在一起进行对比），所以生成速度会比较慢。这里演示的图片尺寸为默认尺寸，如果图片尺寸更大，生成速度会更慢。

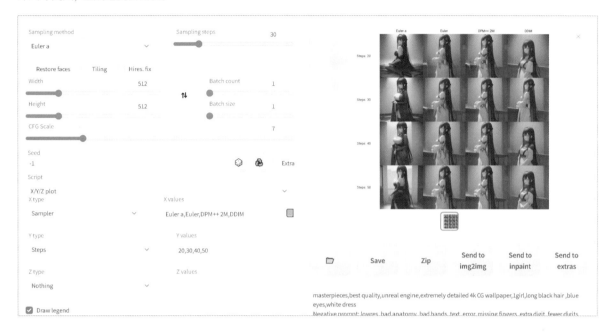

　　采用不同的采样方式和采样步数所生成的图片区别有限，总的规律就是采样步数越大，画面精度越高。但是一些非线性的采样方式会有一个阈值，超过了这个阈值画面并不会变得更加精致，甚至可能会溢出（溢出就会导致出现人物畸形或画面崩坏的情况）。放大图片后可以看到，"Euler a"采样方式下生成的图片在采样步数逐渐增大的同时画面精度会显著提高，背景更精细；其他采样方式下的图片在采样步数为20时人物头发和服装融合在一起的程度更高，步数为50时服装结构就已经很完善了。

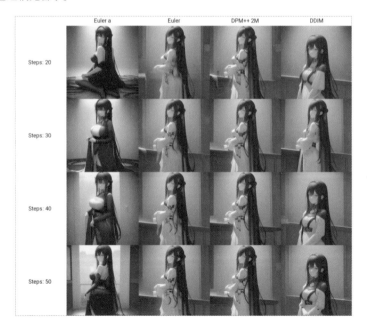

　　X/Y/Z plot在对比采用不同采样方式和采样步数生成的图片的效果方面十分高效，而且它的功能不仅限于此，大家可以尝试通过调整其他变量的参数来对比不同画面的效果。

## 3.5.2 Emoji表情的神奇妙用

说到Emoji表情，可能大家最先想到的就是手机聊天软件里的各类表情包，但其实Emoji表情包在AI绘画中也可以使用，它在表现一些用文字不好描述的内容方面有一定优势。可以从Emoji表情网站（如OpenMoji网站）中找到自己想要的Emoji表情。

找到肌肉的Emoji表情，打开后单击"Read more"，可以看到它是基于Unicode 6.0制作的。单击"Copy"按钮就可以复制。

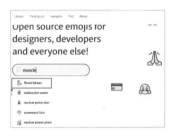

复制后可以直接粘贴到绘画软件中，放在"1 girl"之后以提升表现它的优先程度，或给它加上括号来增加权重。单击生成按钮后可看到效果比较明显，人物动作变成了Emoji表情的样子。

如果想要快速描绘某个场景，可以找到相应的Emoji表情作为提示词。比如，想在背景中加上火山，那就找到火山表情并将其放入提示词中。同样，给表情加上括号以增加权重，这样可轻松、快捷地获得一个有火山背景的图片，而不需要冗长的提示词。

第 4 章

# AI 绘画模型训练

# 4.1 训练前的基础准备

在正式训练AI绘制出理想的画风与人物之前，要先了解训练素材的处理方式和4种常见的绘画模型训练方式。

## 4.1.1 训练素材选择及处理

选取15~20张训练对象参考图，有不同光线和不同姿势的为佳。这里以VRM模型制作软件制作的人物图片为素材，因为需要的是512像素×512像素的图片，而参考图是870像素×811像素的，所以需要修改尺寸。

在Brime网站上可免费批量修改图片尺寸，也可以使用Photoshop或其他工具来调整图片尺寸。这里展示一下如何通过Brime网站批量修改图片尺寸。

首先打开网页，在右边设置长和宽均为512像素，然后单击页面中间的"BROWSE FROM YOUR COMPUTER"按钮，在弹出的对话框中找到并选择需要修改的图片，单击"打开"按钮进行添加。

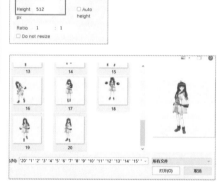

添加完毕后单击右下角的"SAVE AS ZIP"，浏览器会立即下载修改尺寸后的文件，解压并打开文件夹就可以看到512像素×512像素的图片了。

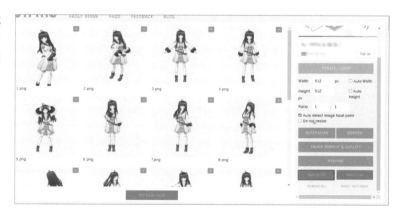

# 4.1.2 4种绘画模型训练方式

下面简单介绍DreamBooth、Textual Inversion、LoRA及Hypernetwork这4种常见的AI绘画模型训练方式。

第1种是DreamBooth。这种模型训练方式是通过直接修改整个原始模型来训练出想要的结果。比如，如果我们想训练获得一张橘猫图片，首先需要提供一定数量的橘猫照片，以使AI能够对橘猫的特点形成基本的认知，然后AI会通过扩散模型的修改迭代使模型最终能够输出与目标图像相差较小的图片。在具体的训练过程中，AI会先给训练图片添加一定步数的噪声，使其变成内容更复杂、抽象的噪声图，再给噪声图添加较少的噪声，使其能够更好地表现原图特征。这张能表现原图特征的图片就会被AI用于检测模型输出的图像是否正确。在输入提示词并输出图像后，如果输出图像和特征图片相差较大，那么AI会给自己一个形容目标丢失程度的指令，并执行渐变更新（Gradient Update）命令。如果丢失程度较高，那么AI会判定模型训练较差并给模型一个坏的反馈；如果丢失程度较低，那么AI会判定模型训练较好并给模型一个好的反馈。在训练进程中，AI会逐渐认识到随机关键词的输入应该匹配训练对象的特征，到这里就完成了模型的训练。相比其他模型而言，DreamBooth非常庞大，这是因为它是修改扩散模型本体得到的新模型，继承了原模型所有的特征。虽然这类模型一般都是以GB为单位的，磁盘容量占用较大，但是能够很好地还原原图特征，很适合训练复杂且精细的内容。

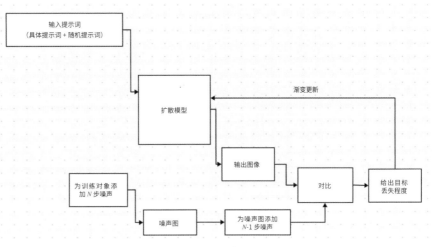

DreamBooth

第2种是Textual Inversion。它的训练流程和DreamBooth非常相似，不同的是我们会将一个随机提示词作为向量，暂且称之为随机词向量。这个随机词向量通过AI处理后会使扩散模型能够通过指令识别。在训练过程中，如果语言模型不认识这个随机词，就会给随机词分配一个唯一的新向量；如果语言模型认识这个随机词，那么它本身就自带唯一向量。不管认识与否，都会有一个唯一向量代表这个随机提示词。这种模型训练方式更像是让一个人回想起他曾经见过却又忘记了的一个画面：随着记忆碎片的不断补全，最终在脑海中形成一个形象。在实际训练过程中，不断调整随机词，使它逐渐与原模型中和训练对象相近的内容进行匹配。采用这种模型训练方式并不能让AI输出原模型从未见过的内容，就好比你无法回忆未曾见过的画面一样。采用这种模型训练方式训练出来的模型非常小，一般以KB或MB为单位。Textual Inversion虽然容量占用较小，但是内容十分丰富，是一种非常优秀的模型训练方式。

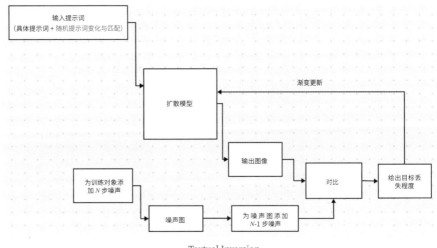

Textual Inversion

第3种是LoRA。LoRA的具体表现形式是在原有的模型中嵌入新的数据层，这个数据层就像滤镜一样，当数据通过这一层后就会随着滤镜效果而改变。这样做的优点是无须对整个模型进行修改。这种模型训练方式也和前述训练方式类似，只是在扩散模型中嵌入多层滤镜来改变输出结果。采用这种模型训练方式训练出来的模型较小，一般以MB为单位，因模型的复杂程度不同，占用几兆到几百兆都有可能。

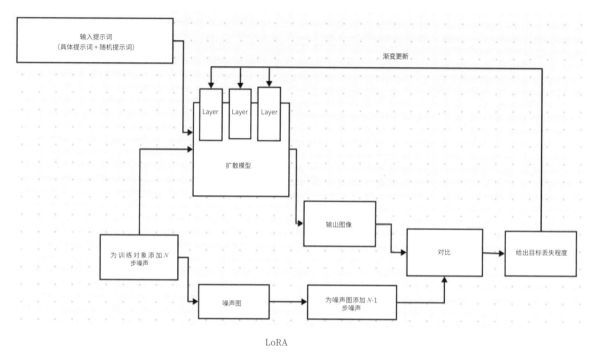

LoRA

第4种是Hypernetwork。它的训练原理和LoRA类似，区别就是Hypernetwork是一个独立的神经网络模型，扩散模型输出的结果会通过Hypernetwork再次插入扩散模型的中间层，并逐渐通过训练获得一个新的能将内容插入扩散模型中的神经网络模型。采用这种模型训练方式训练出来的模型大小类似于LoRA，不过效率和最终效果没有LoRA优秀，因此LoRA出现后就很少有人用Hypernetwork进行模型训练了。

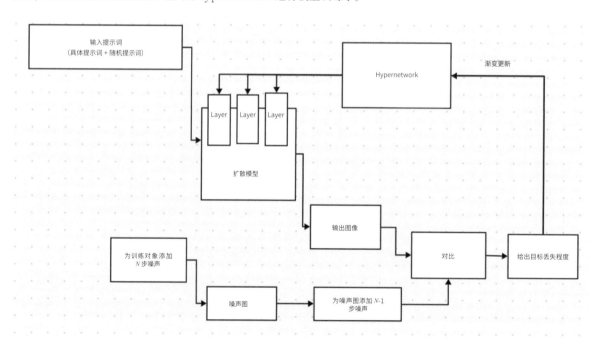

Hypernetwork

# 4.2 LoRA模型训练基本流程

前面我们了解了一种简单的模型训练素材的处理方法，并简单介绍了4种常见的绘画模型训练方式。LoRA模型训练方式的效率和质量都相对较高，下面展示其基本训练流程。

## 4.2.1 安装LoRA模型训练环境

类似于Stable Diffusion的安装，首先需要在GitHub上搜索"kohya_ss"进入对应的GitHub代码页。打开后可以看到，默认的分支版本是"master"，单击"master"，将其切换为"LR-Free"。

找到所需安装的依赖库。因为之前我们已经安装好了Python和Git环境，所以这里只需安装Visual Studio，单击对应的蓝色文字便可跳转安装。由于安装完毕后需要重启计算机，因此最好先保存当前的工作内容。

**Required Dependencies**

- Install Python 3.10
  - make sure to tick the box to add Python to the 'PATH' environment variable
- Install Git
- Install Visual Studio 2015, 2017, 2019, and 2022 redistributable

安装后在计算机桌面的搜索栏中输入"Windows Powershell"找到对应应用，然后单击鼠标右键并选择"以管理员身份运行"，此时会出现一个窗口。复制GitHub页面中的代码，将其粘贴到窗口后按回车键，在出现的选项中选择"A"，然后关闭窗口。（这里采用的系统是Windows，其他系统暂不介绍。）

**Windows**

Give unrestricted script access to powershell so venv can work:

- Run PowerShell as an administrator
- Run `Set-ExecutionPolicy Unrestricted` and answer 'A'
- Close PowerShell

接下来在任意位置新建一个文件夹并命名（这里命名为"kohya"），注意最好不要放在C盘，这里存放在F盘。新建完成后进入文件夹并复制当前路径。再次打开Windows Powershell，然后输入"F:"以进入（如果存在D盘，那么输入"D:"），然后输入"cd"加空格，粘贴刚刚复制的文件夹路径，按回车键就可以从Windows Powershell中打开相应文件夹了。从不同位置打开的PowerShell的前缀是不一样的，这不会影响操作。也可以和第3章安装Stable Diffusion时使用的CMD一样，在文件夹的地址路径中输入"powershell"，同样可以快速从Powershell中打开相应文件夹。

复制GitHub页面上的一整段代码，然后直接进入Windows Powershell并粘贴代码。粘贴完成后会自动将GitHub项目克隆到当前的文件夹中。（涉及GitHub项目克隆的操作都需网络加速才能保证快速和稳定。）

全部下载完所需文件一般需要30分钟以上，然后按回车键，底部会出现新的内容。

继续按回车键会显示"Do you want to run your training on CPU only（even if a CPU is available）？"即是否全部使用CPU训练。因为用CPU训练的效率较低，所以在后面输入"NO"。后续的两个问题也回答"NO"，最后一个问题回答"ALL"，然后按回车键。这里有失误操作导致报错也没有关系，可以在Windows Powershell中重新开始，系统会保存已经下载的内容。

这里要选择"fp166"。"no""fp166""bf16"3个选项分别对应着键盘上的数字0、1、2，这里需要按数字"1"，然后按回车键继续运行。

当窗口中出现图中标示出的这行字就代表安装暂时结束。如果使用的是NVIDIA的30系或40系显卡，先不要关闭控制台，因为还需继续安装提高训练速度的文件。

再次打开该项目的GitHub页面，找到"Optional: CUDNN 8.6"，单击蓝色文字"here"下载所需文件。

Optional: CUDNN 8.6

This step is optional but can improve the learning speed for NVIDIA 30X0/40X0 owners. It allows for larger training batch size and faster training speed.

Due to the file size, I can't host the DLLs needed for CUDNN 8.6 on Github. I strongly advise you download them for a speed boost in sample generation (almost 50% on 4090 GPU) you can download them here.

To install, simply unzip the directory and place the cudnn_windows folder in the root of the this repo.

Run the following commands to install:

```
.\venv\Scripts\activate

python .\tools\cudann_1.8_install.py
```

将下载好的文件解压并打开文件夹，可以看到"cudnn_windows"文件夹，将其复制并粘贴到"kohya_ss"文件夹中。复制"Optional: CUDNN 8.6"下面两行代码并粘贴到正在运行的Windows Powershell中。

### Optional: CUDNN 8.6

This step is optional but can improve the learning speed for NVIDIA 30X0/40X0 owners. It allows for larger training batch size and faster training speed.

Due to the file size, I can't host the DLLs needed for CUDNN 8.6 on Github. I strongly advise you download them for a speed boost in sample generation (almost 50% on 4090 GPU) you can download them here.

To install, simply unzip the directory and place the `cudnn_windows` folder in the root of the this repo.

Run the following commands to install:

```
.\venv\Scripts\activate

python .\tools\cudann_1.8_install.py
```

kohya_ss

cudnn_windows

```
accelerate configuration saved at C:\Users\
(venv) PS F:\kohya\kohya_ss\kohya_ss> .\venv\Scripts\activate
>>
>> python .\tools\cudann_1.8_install.py
```

　　在进行以上操作后，按回车键就安装成功了，安装成功后的窗口显示内容如右图所示。这时就可以关闭Windows Powershell了。

```
> python .\tools\cudann_1.8_install.py
[+] xformers version 0.0.14.dev0 installed.
[+] bitsandbytes version 0.35.0 installed.
[+] diffusers version 0.10.2 installed.
[+] transformers version 4.26.0 installed.
[+] torch version 1.12.1+cu116 installed.
[+] torchvision version 0.13.1+cu116 installed.
Checking for CUDNN files in F:\kohya\kohya_ss\kohya_ss\venv\Lib\site-packages\torch\lib
Copied CUDNN 8.6 files to destination
(venv) PS F:\kohya\kohya_ss\kohya_ss>
```

**Tips**　如果操作后显示"'F:\kohya\kohya_ss\kohya_ss\tools\..\cudnn_windows' could not be found"，说明没有找到文件夹而导致安装失败了。这里显示的路径是"F:\kohya\kohya_ss\kohya_ss"，"kohya_ss"出现了两次。这可能是由于在按数字键选择"fp166"时不小心按了其他键，再次安装时将"kohya_ss"安装到了之前的"kohya_ss"中，因此出现了双层文件夹。出现这种情况的解决办法就是，将"cudnn_windows"文件夹放入"kohya_ss"下的"kohya_ss"文件夹中。

```
(venv) PS F:\kohya\kohya_ss\kohya_ss> .\venv\Scripts\activate

> python .\tools\cudann_1.8_install.py
[+] xformers version 0.0.14.dev0 installed.
[+] bitsandbytes version 0.35.0 installed.
[+] diffusers version 0.10.2 installed.
[+] transformers version 4.26.0 installed.
[+] torch version 1.12.1+cu116 installed.
[+] torchvision version 0.13.1+cu116 installed.
Checking for CUDNN files in F:\kohya\kohya_ss\kohya_ss\venv\Lib\site-packages\torch\lib
Installation Failed: "F:\kohya\kohya_ss\kohya_ss\tools\..\cudnn_windows' could not be found.
```

此电脑 > studying data (F:) > kohya > kohya_ss > kohya_ss

　　打开"kohya_ss"文件夹，找到"upgrade"脚本文件（注意文件类型）并单击鼠标右键。选择"使用PowerShell运行"选项，运行后会自动更新当前文件，更新完成后会自动关闭。

　　双击名为"gui"的批处理文件，进入GUI的设置界面，复制弹出窗口中的地址并粘贴到浏览器中。

文件夹中还有一个名为"gui-user"的批处理文件，点开后会自动在浏览器中新建用户界面，省略复制地址的步骤。至此，LoRA模型训练环境便已安装好。

## 4.2.2 训练LoRA模型并输出

在正式训练前，需要对GUI的设置进行一些基本处理。打开GUI并单击"DreamBooth LoRA"选项卡，找到其中的黄色文件夹图标。

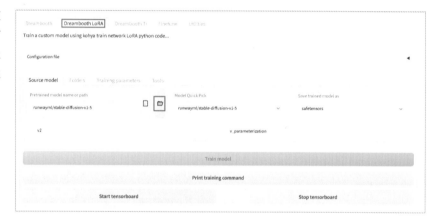

单击黄色文件夹图标会弹出一个"文件管理器"对话框，选择Stable Diffusion的AI绘画模型即可。第5章会详细介绍各种常见的模型，这里用Counterfeit-V2.5模型进行教学。当然，我们需要根据不同的画风和效果去选择不同的模型，这里因为参考图片是动漫风格的，所以用动漫风格的Counterfeit-V2.5模型进行训练会更加合适。下载的模型不必专门放在Stable Diffusion的模型文件夹中，根据自己的需要选择放置的位置即可。

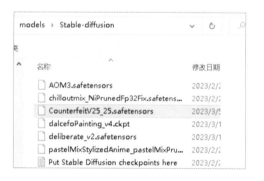

最小化"kohya_ss"，在"kohya"文件夹下新建一个输出文件夹并命名，用以保存相关资源，然后在新建的文件夹中再分别新建"image""log""model"文件夹。这3个文件夹分别用来存储训练图片、训练日志、输出的LoRA模型。最后在"image"文件夹中新建一个文件夹，用以放置训练图片。这里命名为"80_train"，意思为训练迭代80步的图片。如果有20张以上（含20张）的图片，那么模型训练步数都改为100比较合适；如果训练图片不够20张，那么就用1500除以当前拥有的图片数量。例如，如果是18张图，就用1500除以18，得到83.3，也就是训练83步。这样才能达到最佳的训练效果。训练步数差得太多会导致训练效果大幅下降。

复制放置训练图片的文件夹路径，然后单击"Utilities"并找到"Captioning"下面的"BLIP Captioning"，将刚刚复制的路径粘贴到"Image folder to caption"处，最后单击"Caption images"。

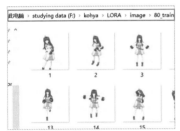

在命令控制台可以看到已经开始处理图片。如果是第一次使用，需要先下载一些额外的文件（这里也需要全程网络加速），下载完毕后开始进行处理，处理完成后就会显示"captioning done"。

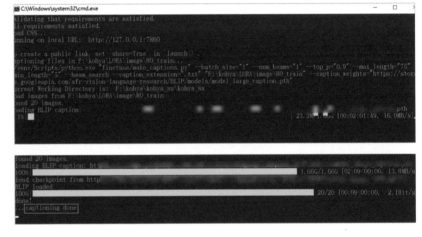

再次打开训练图片的文件夹就可以看到训练好的图片都会附带一个文本文档。打开文本文档可以看到AI对图片的描述。

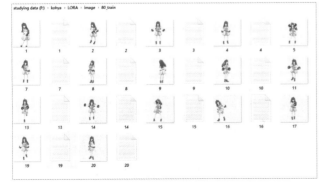

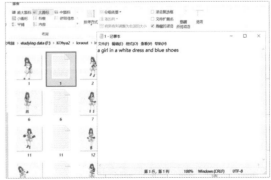

接下来回到GUI，单击"DreamBooth LoRA"，找到"Folders"。将之前新建的"image""log""model"文件夹路径分别复制并粘贴到对应的位置。

最后单击"Source model"（如果目标模型是用2.0版Stable Diffusion训练的，应勾选下方的"v2"选项，不是则无须勾选）。模型保存格式用默认的"safetensors"，其他参数可以保持默认设置，然后单击"Train model"开始训练。

在控制台可以看到训练过程。训练一旦开始，就会占用大量C盘临时空间，所以记得在C盘预留足够的空间。

新建一个文件夹后重新运行这段代码，选择自己的独立显卡，重复之前的步骤后再单击训练模型即可。

　　训练完成后会显示"model saved"。这时关闭窗口，打开保存模型的"outputmodel"文件夹就可以看到模型文件了。

将输出的文件放到Stable Diffusion里的"models"文件夹中的"Lora"文件夹中。

放置完毕后启动Stable Diffusion，便可以使用任意的大模型进行绘画了。这里使用的是Counterfeit-V2.5和其对应的VAE，输入较为简单的提示词和反向提示词，然后单击生成按钮下方的"Show extra networks"按钮。

选择"Lora"，单击刚刚训练的模型"last"（输出时未修改的默认名称），然后单击"Close"按钮关闭。

此时，文本生成框中会多出一个提示词"<lora:last:1>"，其中"lora"代表模型名称，"1"代表模型权重。如果想让这个LoRA模型对画面的影响减弱，可以手动修改模型权重数值。

单击生成按钮后可以发现，虽然一开始输入的是比较简单的提示词，但是人物的基本特征能表现出来，只是衣服和头发的样式都是默认生成的效果。LoRA的出图效率和质量可见一斑。

上面的示例比较简单，没有进行优化操作就还原了原图很多特征。其实LoRA的训练集（素材）也需要认真筛选，示例中所突出的仅是不同的视角和人物姿势，如果有更丰富的光影变化，可让图片的还原度更高。同时提供的训练图片越多，效果越精确。但图片也不能太多，否则计算机的负担会过重，对于一般的家用计算机来说，20～40张是比较合适的。

第 5 章

# Stable Diffusion
# 进阶技巧

# 5.1 多元效果的表现

学习了前面的知识后，相信大家已经对Stable Diffusion更加熟悉了。那么接下来将继续带领大家绘制出更精致的画面，讲解中会穿插更加多样的AI绘画风格，让大家逐步掌握更多新知识。

## 5.1.1 视角及光影的表现

在一幅画作中，光影和视角的表现十分重要。接下来讲解如何制作不同视角的插画。

在文本生成框中输入以下提示词和反向提示词，注意不要使用中文逗号，否则可能会影响AI断句，导致出现一些画面细节问题。

**提示词:** (masterpiece),(best quality),1 girl, solo, white hair, hair ribbon, red eyes, cute face, green mountain。

**反向提示词:** lowres,bad anatomy,bad hands,text,error,missing fingers,extra digit,fewer digits,cropped,worst quality,low quality,normal quality,jpeg artifacts,signature,watermark,username,blurry,blue hair。

设置"Sampling method"为"Euler a"，"Sampling steps"为40并单击生成按钮，生成一张图片。

上图是用AOM3模型生成的，下面我们在CIVITAI上选择一个风格更明显的模型进行绘制。这里选择的是比较热门的动漫风格模型Counterfeit-V2.5，下载时注意最新模型的版本更新，同时注意Stable Diffusion的最低版本要求。

将下载的模型放入默认模型目录中，然后打开对应的Hugging Face页面并下载其对应的VAE模型。

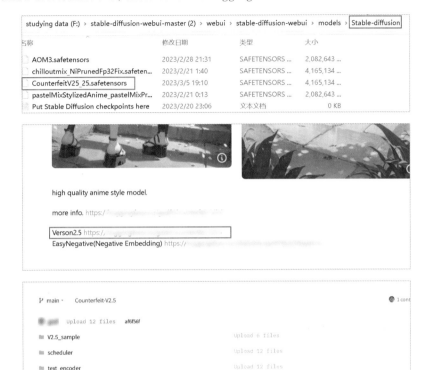

将VAE下载后放入指定目录，但这样还无法达到最佳效果，还需根据CIVITAI网页中的提示下载"EasyNegative"。单击对应蓝色文字后会跳转到对应网页，网页中有开启前后的效果对比，还有相应的安装教程，只需下载下来，放在"embeddings"中即可。

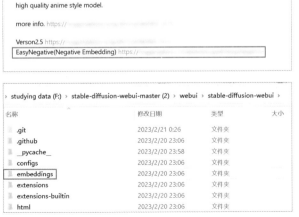

它提供了".pt"和".safetensors"两个版本。这两个版本在效果上没有区别，只不过格式不一样，且".safetensors"版本更加安全，选择其一即可。

将下载的模型放进对应的文件夹后重启Stable Diffusion，重启后就可以看到已经加载好"EasyNegative"了。切换对应的训练模型和VAE。

输入"EasyNegative"，以调用对应的信息。将"Sampling method"切换为"DPM++ 2M Karras"，将"CFG Scale"提高到10，然后单击生成按钮。

从生成的图片来看，画面质量很高，服装细节和光影处理得很优秀。

接下来将"Batch count"改为4，然后单击生成按钮。观察生成的图片并思考以下问题。为什么提示词中并没有指定服装和头饰的颜色，生成的图片中衣服上却总有红色元素呢？如何让近景变为全景呢？下面来一一分析。

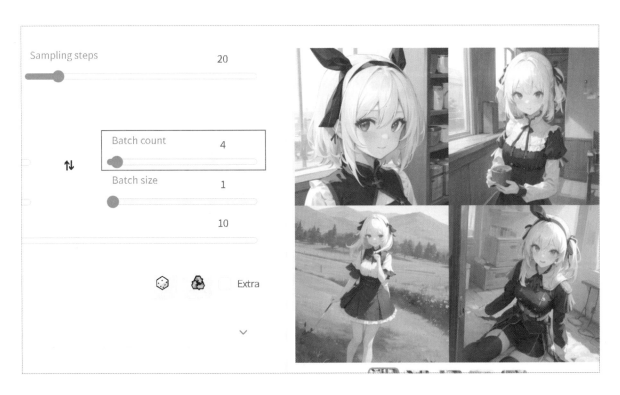

针对服饰颜色问题，可能会影响服饰颜色的提示词有红色（眼睛颜色）、白色（头发颜色）和绿色（山体颜色），那么我们将眼睛颜色改为蓝色，将形容头发和山体的提示词分别改为短和大，也就是将提示词整句修改为"(masterpiece),(best quality),1 girl,solo,short hair,hair ribbon,blue eyes,cute face,big mountain"，然后单击生成按钮。从生成的图片中可以看到，多处出现了蓝色元素，衣服颜色比较随机，但也受到了一定影响。其中丝带受到的影响较大，几乎3/4的丝带都是蓝色的。观察提示词可以发现，"hair ribbon"和"blue eyes"是相邻的，而且所有提示词中只有"blue"这一个表示颜色的单词，那么如果再将山体的颜色改为绿色，情况会如何呢？

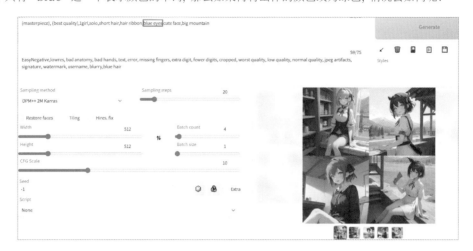

这里将提示词"big mountain"改为"big green mountain"，再生成一次。从生成的图片中可以看到，人物胸前丝带的颜色变成了青色。这足以说明表示不同颜色的提示词会对画面有不同的影响，设定的背景颜色可能会影响前景颜色。可见，不断细化每个可见部分的表示颜色的提示词，才不会因AI识别的颜色有限而让其他部分受到影响。不同模型的效果差异很大，这里使用的模型对于不同提示词的权重控制还是相对较好的，并且我们添加了EasyNegative（专门降低画面畸形可能性的综合性文本反转模型），由此降低了权重出错和画面畸形的可能性。

在平常的模型使用过程中，提示词的顺序是至关重要的。AI会倾向于将距离较近的提示词增强联想，将距离较远的提示词减弱联想。但在本模型中，离丝带较远的山体颜色提示词反而影响了丝带颜色，这和模型的训练及VAE有很大关系。

接下来我们将形容山体颜色的提示词和形容眼睛颜色的提示词互换，生成的图片中丝带颜色果然更接近蓝色了。

如果将反向提示词中的"blue hair"去掉，将眼睛颜色改为蓝色，将山体颜色改为绿色并去掉"big"，再次生成后画面效果明显较好了。这是因为AI将距离较近的提示词互相联想了，头发和丝带颜色受提示词"blue eyes"影响而更接近蓝色。虽然绿色也占一定比例，但人物身上绿色占比还是较小。

以上示例中，当反向提示词中有"blue hair"时，蓝色被AI极力地禁止使用了，虽然后面在形容眼睛时使用了"blue"作为提示词，但是其他部分的蓝色所占比例就很低，这就是反向提示词的作用。AI往往会将距离较近的提示词加强联想，我们这里以颜色作为一个非常简单易懂的例子进行展示，说明其实很多提示词都会让AI产生或多或少的联想。因为我们使用的这个模型的训练方式之一就是通过对提示词的联想建立庞大的素材库，而生活中常见的元素则能让其联想到正确的元素。

针对全景与近景相关的问题，我们将全景镜头提示词"panorama"放在人物前面，"Sampling method"不变，"Sampling steps"不变，将"Batch count"调为1，然后单击生成按钮。从生成的图片可看出，将全景和背景提示词放在人物提示词之前，整个画面就会变得很开阔，不再是单纯的正面或近景特写。

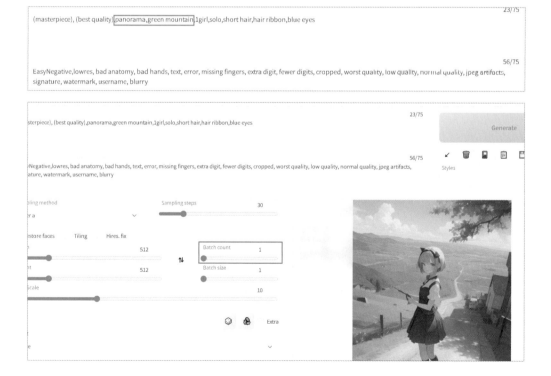

下面保持其他参数不变，将形容全景和背景的提示词放到人物提示词之后，再次生成。从生成的图片可以看到，画面中人物占比更大，全景提示词对画面的影响有所减弱。

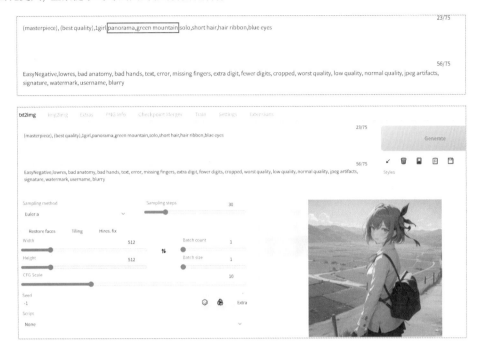

综上可知，关于视角的提示词放在人物提示词之前效果较好。这里列出几种视角相关提示词供大家参考：eye level（平视）、low angle（仰拍）、Dutch tilt（荷兰式倾斜）、OTS（Over the Shoulder，过肩）、close-up shot（特写）、long shot（远景）、medium shot（中景）、POV（Point of View，视点）。

下面以"low angle"为视角提示词，输入关于衣服的提示词，并用"full body"来描述全身画面，这样能更好地表现出低角度的画面。输入复杂的视角相关提示词很有可能导致人物形状扭曲，所以将采样步数提高到40，使生成的人物形状正常。可以看到，最终生成的图片给人一种从下往上看的感觉。

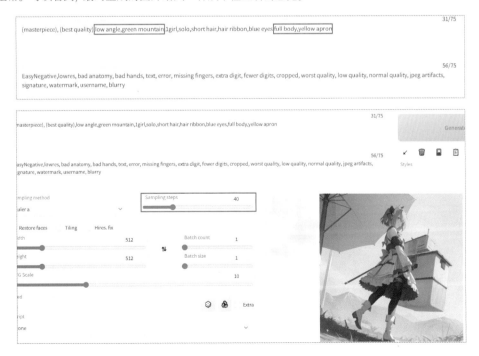

给画面添加光影效果较简单的方法就是添加"sun""sunlight"等提示词。这里将"best shadow""best sunlight"作为画面质量提示词放在最前面，将视角提示词改为"close-up shot"，为了减小背景对人物形象的影响，把"green mountain"放到人物提示词后，"sun,sunlight"放在最后。再次单击生成按钮，画面中明显有了太阳光，并且人物也有对应的影子。

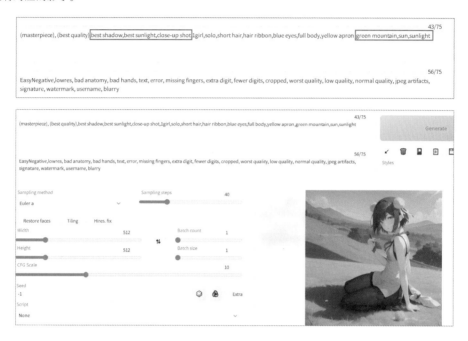

白天的光影比较简单，下面我们来尝试表现一下夜晚的光影。将"sun,sunlight"改为"moon,moonlight"，然后将质量提示词改为"best moonlight"，将视角提示词改为"eye level"，最后在末尾加上"night"，生成的图中会有月亮、房屋的灯光、黑夜等元素。

为了获得更梦幻、更具艺术性的夜晚效果，加入了"water surface""reflective water surface"。同时为了兼顾所有元素的一致性，删掉之前的"green mountain"，将"yellow"改为"white"，加入"star sky""blue clouds""light fog"，将"high saturation"作为提示词以加强色彩饱和度。这里还加入了"rainbow""anime"等提示词，删去了"long dress"。因为画面中的元素比较复杂，所以将画面尺寸改为了600像素×600像素，其他参数采用模型推荐的参数，单击生成按钮。

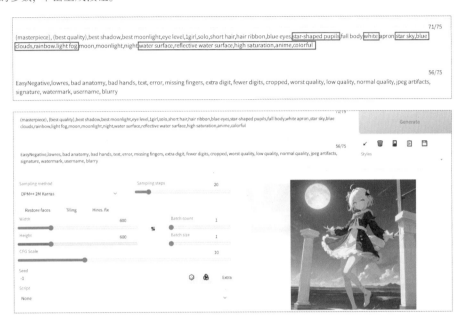

由于生成效果总体来看还是稍显平淡，因此有必要对其中的元素进行调整。为"rainbow""star sky""colorful"等加上小括号以增加权重，再次生成，画面的视觉冲击力和背景细节有了一定程度的提升与优化。

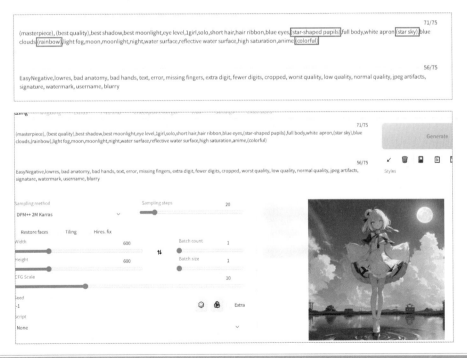

📝 **小作业**

尝试绘制夜晚城市中车水马龙的景象。

# 5.1.2 利用权重溢出

AI绘画中常见的改变提示词权重的方法是为其加括号，加不同的括号改变的权重程度不一样。例如，加"()"表示乘以1.1，加"[]"表示除以1.1，加"{}"在NovelAI中表示乘以1.05，在Stable Diffusion中不具有调整权重的作用，而且会被当作文本来分析。如果需要多次提升权重，那么可以采用加复合括号的形式，比如"((blue eyes))"，这意味着该提示词的权重会提高至原来的1.21倍。在复杂的画面中，往往需要大幅提升权重，有一种写法是"(blue eyes: 1.21)"。为便于AI对画面提示词进行整理与分析，也可以对部分提示词增加权重，比如"beautiful white(clean:1.1) coat"，这将专门对"clean"这个词增加权重，而其余部分不会受影响。还有"((clean coat:1.21))"这种复杂的描述方式，不过由于表达效果相对不稳定，因此不建议使用。

不建议给某个提示词增加太高的权重，否则会产生单一元素占用绘画空间过多而导致画面崩坏的情况。下面我们先输入相关提示词生成一张图片。

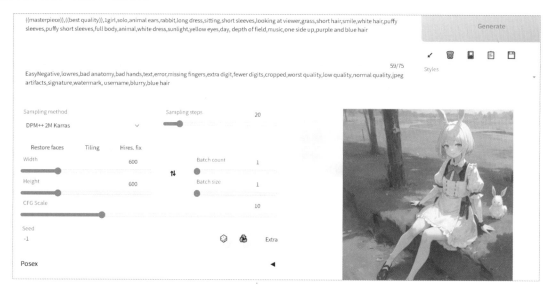

如果将"white dress"调整为"(white dress:2.5)"，生成的画面中人物白化严重。

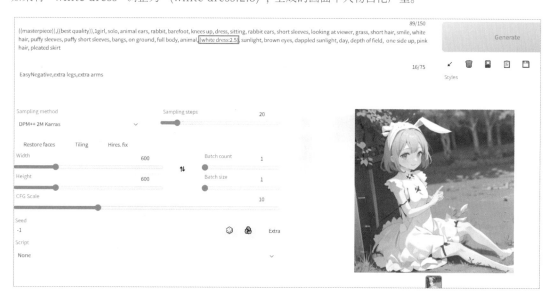

如果将权重调整为"(white dress:3)"，整个画面会因元素占比失衡而崩坏。

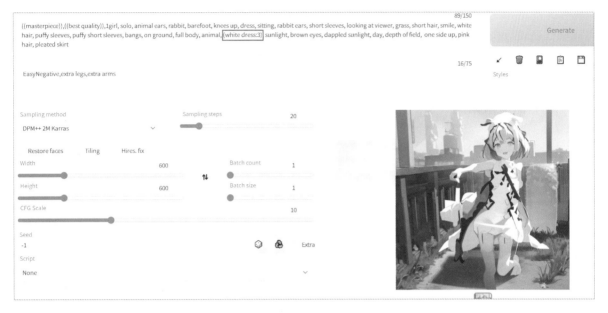

以上便是对权重溢出的初步阐述，即当画面中某个元素的权重过高时，会产生该元素大量覆盖其他元素的效果。而如果将其利用起来，则能制作出复杂的画面效果。

下面用一个长句"a detailed beautiful girl with blue eyes and floating long hair and exquisite earrings and wear detailed white wet dress with a crystal wine glass which full by water"（对于足够完善的模型来说，可以用一个完整的句子来描述画面。当前使用的模型对于场景刻画非常优秀，因此不用专门描述场景也能获得较好的效果）来描述一个长着蓝色眼睛、长发飘动、戴着精致耳环、穿着打湿了的精致白裙子、拿着装满水的水晶酒杯的漂亮女孩。

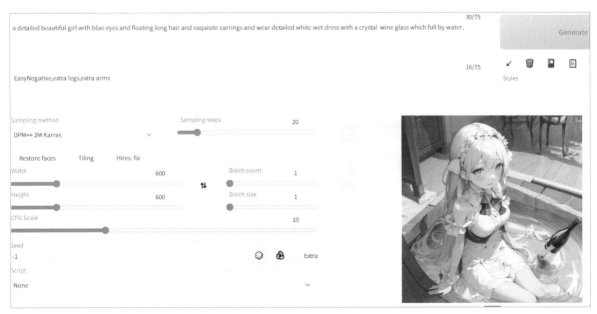

为了让效果更加可控，单击"Seed"右侧的绿色图标，以固定随机种子（随机种子就是生成图片时所使用的一段随机数。在相同的参数和提示词下，使用相同的随机种子能大概率获得效果相近的图片）。"seed"项中会出现当前画面所用的种子。如果想要随机生成图片，可单击骰子图标。将整个描述的权重增加至1.5倍，生成的画面与原先相比，效果从限定的元素蔓延到其他元素上了，这是因为带有修饰性的提示词的权重都有一定程度的溢出，"wet""crystal""floating"等提示词所对应的效果从原来的小范围溢出到整个画面了，背景几乎都是水，人物也是全身湿透的。

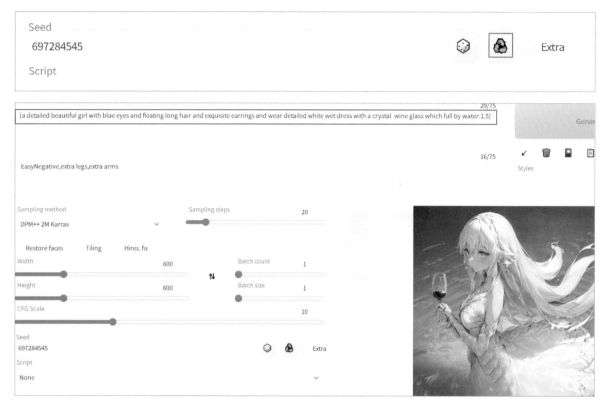

如果只将"crystal wine glass"的权重增加至1.5倍，那么只会表现出水晶酒杯元素溢出的效果。因为水晶酒杯元素在采样步数小于30的情况下容易崩坏，所以将采样步数提高到40。再次生成的图片中水晶酒杯变多了，玻璃元素也增加了，这就是对单个提示词或词组增加权重后获得的溢出效果。这种方式可使画面效果更加可控。

除此之外，我们还可以利用权重溢出制作雾气、火焰等复杂的大范围效果。下面就制作一个以火焰效果烘托绝望和悲伤心情的动漫决战场景——即将拔出的火焰之剑。加入"burning sword""flame"等提示词并调节对应的权重，比如可以给"Burning"增加更多权重以获得溢出效果，同时增加"burning sword"的权重以提高燃烧的剑元素在画面中的占比。加入"crying""angry"等描述表情的提示词来表现出人物悲伤、愤怒的心情。

# 5.2 结构化提示词和插件的使用

前面我们借助Counterfeit-V2.5模型学习了视角、光影的塑造和权重溢出的表现，接下来通过结构化提示词深化对AI绘画关键词和常用组句方式的理解，同时学习如何使用ControlNet插件让生成的图片更加稳定。

## 5.2.1 结构化提示词的常用描述

这里以一款偏写实风格的Deliberate模型为例。打开CIVITAI搜索该模型并单击下载。如果CIVITAI页面中没有推荐的VAE模型，很有可能这个VAE模型已经被模型创建者内置到模型本体文件中了，因此无须额外安装。根据之前所学的内容将模型放到对应的位置，然后在设置界面中将"SD VAE"设置为"None"即可。

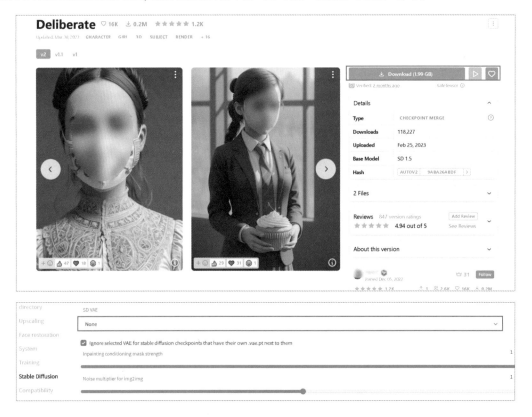

接下来再次打开Deliberate模型的CIVITAI页面，可以看到模型创建者在下图所示的文段中指出这个模型几乎可以创作任何想要的画面，但是需要创作者给出丰富的描述细节的提示词才行。

安装好模型后打开Stable Diffusion，输入合适的提示词，以生成"一只可爱的猫咪正在阳台上休息，窗外是美丽的海滩"的画面。大家可自行尝试用英文描述。在默认参数和提示词较少的情况下，生成的画面会十分单调、乏味，效果较差，甚至会有畸形问题出现。

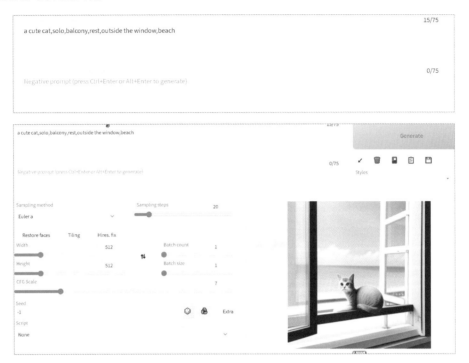

前面提到过，"masterpiece""best quality"等质量提示词会影响画面质量。在不断迭代的新模型中，这些提示词逐渐淡出了人们的视野，虽然使用它们能有一定的效果（在提示词较少的情况下，画面效果有较明显的改善），但更大的影响往往来自反向提示词。

下面尝试让提示词丰富起来，使语言逻辑正确且画面的表现力更好。可以按照以往习惯先添加质量提示词，作为潜在的画面影响因素，添加它们是十分必要的。同时，这里给大家提供一个思路，就是"以主体为先，景物次之"的提示词结构处理思路，简称"主优景次"。在质量提示词后加入要着重突出的画面重心或主角，比如这个案例中的猫咪就是我们想要突出的主体，其次就是作为背景的窗户和海滩。那么，我们重新排列一下提示词：将质量提示词放前面，其后紧跟主体提示词"a cute cat"，形容主体状态的"solo""rest"放于主体提示词之后，将描述背景的提示词"balcony""beach"放于形容主体状态的提示词之后，将形容背景位置的提示词"outside the window"放于背景提示词之后。然后单击生成按钮。

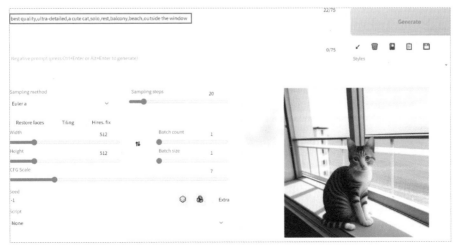

现在将当前的提示词的结构简单归纳一下：质量+主体+主体状态+背景+背景位置。

虽然基础图像足以展示我们想表现的内容了，但其在创造性和艺术感上还较欠缺。接下来继续调整提示词，以营造画面的艺术氛围。

首先主体猫咪表现得比较普通，而且带有畸变，此时可以将主体和形容主体状态的提示词进一步扩充。比如调整为"一只穿着国王长袍、头戴王冠的姜黄色的猫，霸气且冷酷地坐在王座上"，提示词可以是"A Ginger cat wearing a dalmatic,golden crown,overbearing,grim,throne"。生成后的画面仍然存在很多问题：猫脸部畸形，长袍和猫的身体融为一体了，王冠出现的频率（王冠在图片中出现的次数）较低，而且背景过于单调。

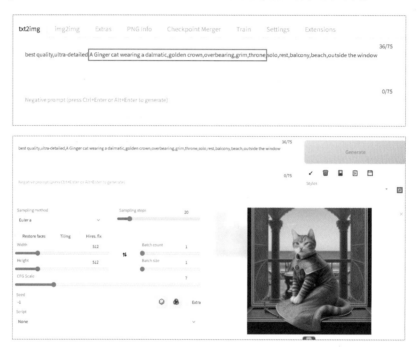

然后将"Sampling method"由"Euler a"改为"DPM++ 2M Karras"，可以看到新生成的画面的光影和色彩都得到了更好的处理。

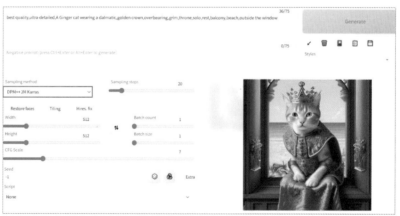

接着提高王座的权重，并给猫加上辅助状态词，比如添加"abundance of hair"，以增强猫皮毛的质感。为了突出表现王袍的宽大和猫的霸气，可再加上"floating dalmatic""Jewelry decoration"等提示词。可同时加上"cinematic lighting"和"best shadow"等提示词，以优化光影；加入"Large aperture""depth of field""cinematic shot"等提示词，以增加光圈和景深效果，并增强艺术感。注意提示词的放置顺序，将视角、光影等相关提示词放在主体提示词之前，形容主体状态的相关提示词放于主体提示词之后。

生成的画面整体构图变得更专业了，光影分布更合理了，但表现力仍有提升的空间。一是因为没有加入反向提示词，所以猫的脸部仍然呈现畸形；二是部分元素没有出现，如王座，取而代之的是如教堂彩绘玻璃般的背景。虽然提示词中有"balcony"和"beach"，但是画面中没有出现关于阳台和海滩的元素。这是因为提示词中有"golden"和"Ginger"，缺少其他颜色的提示词，与黄色有关的提示词占据了主导地位。

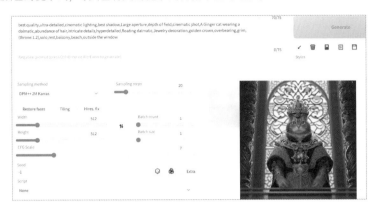

　　给"balcony"添加一层"()"，以增加权重。将"beach"与"outside the window"用小括号括在一起，并用竖线符号"|"将两者隔开，这样便可以将两者限定在一起并为其增加一定的权重。将"Batch count"的值调整为4后进行生成。生成的画面虽然在细节上还有待优化，但整体效果已经有了较大提升，能够很好地表现出我们想要的效果了。

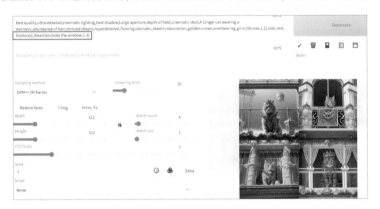

　　接下来输入"extra limb""missing limb""floating limbs"等反向提示词，以减少肢体多余或缺少的问题。然后输入"bad anatomy""wrong anatomy""poorly drawn""mutated""ugly"等反向提示词，以避免出现畸形。除此之外，为了让整体画面效果更好，可以使用"blurry""human""man""woman""text"等反向提示词限定。将采样步数提高到30后单击生成按钮。生成的画面中猫的脸部效果有了一定的提升。

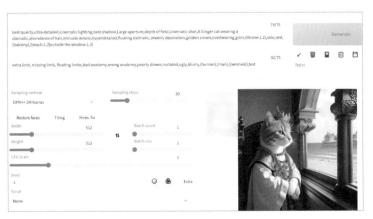

以上所述便是结构化提示词的基本构成方法，所形成的多段式提示词很像英语语法中的"主谓宾定状补"。结构化提示词的重点在于明确主体、区分背景，并依照顺序在相应的提示词前后添加内容。

## 5.2.2 ControlNet插件的使用

ControlNet插件能赋予操作者非常大的调整空间，能让AI在随机与混沌中找到一种平衡，能在兼顾随机性的同时提供更多可控要素。下面介绍ControlNet插件的使用方法，这是本书中比较重要的部分。

打开Stable Diffusion，在"Extensions"选项卡中找到"Available"并单击。可以看到"Load from"按钮后有一个网址，这个网址就是Stable Diffusion从服务器调取插件目录的地方。单击"Load from"按钮并等待一会，可以看到界面中加载了目前所有被上传的插件。（这里需要网络加速，否则可能会报错。）

插件列表全部加载完成后，在"Extension"这一栏中找到"sd-webui-controlnet manipulations"，然后单击右侧的"Install"按钮进行安装。

安装完成后，界面中不会显示任何提示，不过可以在"Installed"选项卡中看到已经安装好的插件，还可以单击"Check for updates"按钮自动寻找更新。确认已安装之后，单击"Apply and restart UI"按钮进行重启。

单击"Apply and restart UI"后，Stable Diffusion会提示无法连接，这时只需等待几分钟就可以看到软件重启后的界面了，这个过程可以在CMD的后台显示出来。在重启后的界面中可以看到"ControlNet"选项，这便代表安装成功了。

单击"ControlNet"选项后可以看到很多参数可设置。其中"image"区域就是放置图片的地方，放置在这里的图片会被加载进插件，然后我们便可以使用该插件的功能对图片进行分析和解算。

接下来进入Hugging Face并搜索"ControlNet"。可以看到页面中列出了很多模型，每个模型对应的是ControlNet不同的功能，常用的有Canny、Depth、Normal和OpenPose等，可以在使用时分别下载，也可以先全部下载下来，等需要用时再安装。

将下载的模型放到"models"文件夹中的"ControlNet"文件夹中，该模型就安装好了。然后单击刷新图标进行刷新。刷新后在"Model"中便可看到刚才安装的模型。

模型安装完成后，勾选"Enable"选项便可开启ControlNet插件的功能了。勾选"Invert Input Color"选项可反转输入的颜色；勾选"RGB to BGR"选项可将RGB色彩空间转换为BGR色彩空间；勾选"Low VRAM"选项可开启低显存占用模式，如果显存小于4GB，建议勾选此选项；勾选"Guess Mode"选项可开启猜测模式，这样插件会根据输入的图像内容最大化AI的随机性，生成的图像会和原来的图像有较大差异。一般常勾选"Enable"和"Low VRAM"两个选项。

下面介绍5个常用的模型。

第1个模型是Canny（边缘检测模型）。在"Preprocessor"中选择"canny"，在"Model"中选择对应canny的选项。选择一张图片，将其放置到"ControlNet"选项下的"image"区域，然后分别来了解Canny模型每个参数的含义。

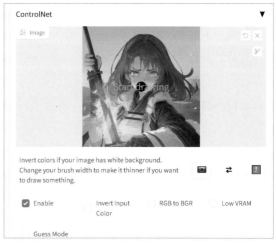

"Weight"即权重，代表选择的图片和ControlNet对应模型的所有可调节参数对AI生成画面的影响程度。数字越大权重越高，对画面影响程度越大，一般保持默认的1即可。"Guidance Start"即引导介入时间，默认值为0，代表从一开始就介入，最大值是1。"Guidance End"即引导结束时间，默认值是1，代表在画面生成后退出引导。

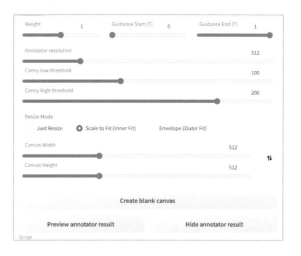

"Annotator resolution"代表预处理器分辨率，分辨率越高则预处理的精度就越高，显存的占用率也会越高，生成速度会大幅下降。"Canny low threshold"和"Canny high threshold"分别代表Canny模型的低面和高面阈值。如果这两个参数值都调得很低，那么Canny处理线条就会很细致，对细节的把控会更好，但是容易将一些无关紧要的线条也囊括在画面中。低阈值适用于对整个画面精确描绘，以及生成线稿。如果将这两个参数值都调得很高，那么Canny处理线条就会相对简单，可能只提取出大体轮廓或形态，适合为用户提供色彩灵感及画面构思。

调节好合适的参数后，单击"Preview annotator result"按钮即可生成预处理图像（黑色线稿）。这一操作对于ControlNet的所有模型都是通用的。

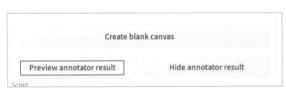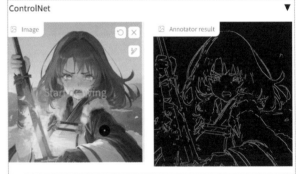

生成预处理图像后就可以输入提示词了。因为只经过ControlNet的处理，生成的画面效果随机性较大，而这里计划生成一个长着黄色头发、红色眼睛，穿着黄色外套的人物形象，所以需输入具有修饰性的提示词。

**提示词：** Masterpieces,best qualities,extremely detailed wallpaper,1 girl,solo,yellow hair,red eyes,yellow cloth,anime。

**反向提示词：** lowres,bad anatomy,bad legs,bad hands,text,error,missing fingers,extra digit,fewer digits,cropped,worst quality,low quality,normal quality,jpeg,artifacts,signature,watermark,username,blurry。

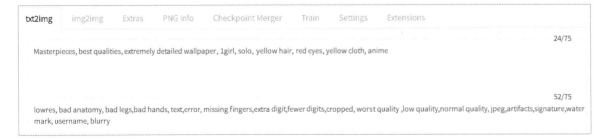

单击生成按钮后可以看到，提取了原图的人物轮廓并结合提示词对人物进行了表现，人物的大致轮廓没有太大差异，不过有些细节处理得不太好。这个模型通常需要多次调整提示词才能获得更好的效果。

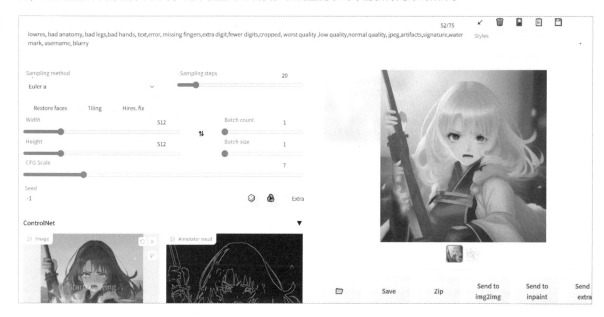

第2个模型是Depth（深度模型）。采用深度模型，ControlNet会识别图片中的空间距离。同样生成预处理图像，可看到图像中位于前方的手臂颜色偏白，位于后方的身体和头发呈现灰色。在这个模型生成的预处理图像中，近处的物体颜色会偏白，远处的物体呈现灰色。

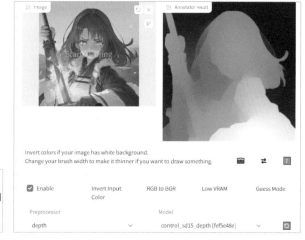

当再次设置同样的参数和提示词并生成画面后，画面的立体感较强，前后、远近物体的层次及光影区分较好。深度模型更适合利用空间层次感较强的图片生成新的画面。

下面用一张室内场景照片作为该模型的测试图。在预处理后的图像中，前景偏白，中景呈现灰色，远景偏黑。

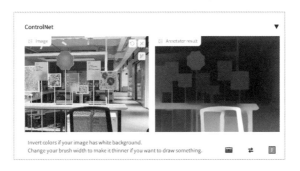

如果将"Midas Resolution"调高，那么图像处理得越精细，可以看到远景不再呈现大片的黑色，甚至能看到比较明显的房屋结构。但是这个值调高到一定程度后就会报错，因为它无法处理得更精细了。

接下来简单修改一下提示词并生成。可以看到深度模型对空间距离的把握还是不错的，不过对于一些细节的表现依然需要更多的提示词来限制。这个模型主要是进行空间层次的提取，具体使用时并不需要太在意画面的内容。

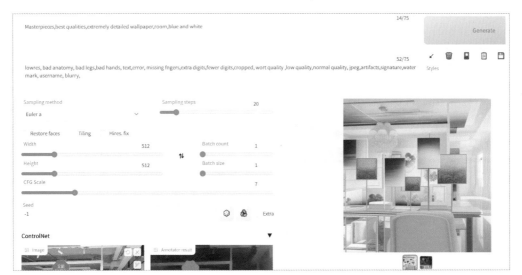

在Stable Diffusion的"Settings"选项卡中可以看到"ControlNet"选项,可以在此处调节同时使用的模型数量,默认数量是1个,极限数量为10个。但是ControlNet对于性能的要求非常高,一般同时运行3个左右就是大部分普通计算机的极限,再多容易报错。

这里将模型数量调整为2,关闭Stable Diffusion的命令行窗口和界面,重新打开即可看到"ControlNet"选项中多了两个选项卡,名称分别为"Control Model-0"和"Control Model-1",此时便可以使用这两个ControlNet模型了。

接下来尝试同时启用两个ControlNet模型来绘画。在Control Model-0和Control Model-1中各放入一张相同的草图手稿。在Control Model-0中,预处理器和模型都选择Canny;在Control Model-1中,预处理器和模型都选择Depth。其他参数可自行设置,无须与示例一致。

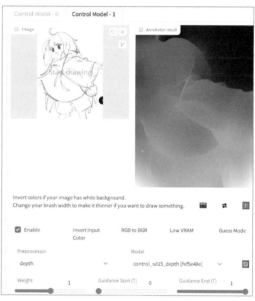

将分辨率改为600像素×512像素,先分别单独启用两个模型,在Control Model-0和Control Model-1中生成图像。可以看到两个图像都有一点问题。草图中斗篷盖在上半身的效果、多余的线条会使AI无法清晰识别其含义。

下面同时启用两个模型，然后单击生成按钮生成图像。此时可以看到画面效果好了很多，不过生成速度大幅降低了。当我们降低权重时，生成的画面色调会更偏向于原图的色调。如果显存不够，可能会导致报错或直接生成黑色的图。具体操作时请根据实际情况合理使用。

第3个是Hed模型，Hed模型对于边缘的粗糙程度把控得很好，很适合处理线条较为杂乱的草图。

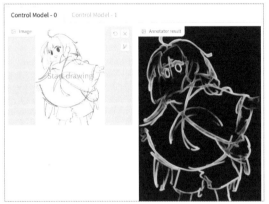

如果将分辨率调高到1024像素×1024像素，再次生成的预处理图中线条更加清晰。可见，提高分辨率可提升Hed模型对线条细节的把控能力。不过Hed模型依然是对大体形状及轮廓进行提取。

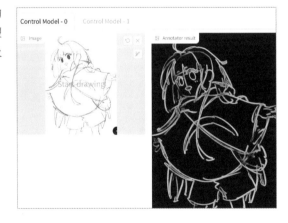

在此分辨率下生成的图片虽然有很多细节方面的问题，但整体效果要比用Canny和Depth生成的好很多。单独使用Hed模型时，人物身体比例正确的情况较少，多生成几次可发现人物身体中间很容易膨胀。

第4个是Scribble模型。这个模型和Hed模型很像，不过生成效果比Hed模型要粗糙一些。Scribble模型只识别大致的边缘线条，主要是用来识别简单的涂鸦，而且随机性较大。使用该模型（默认分辨率为512像素）生成的预处理图像只将草稿中被重点描黑的地方，如眼睛、衣服边缘下笔较重的地方等较清晰地表现了出来，其他部分的线条表现得并不清晰、完整。

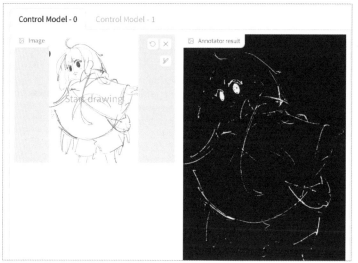

单击生成按钮后可以看到，左边生成的图像和右边的预处理图像只有人物部分的大致轮廓能基本对上，预处理图像中基本没有细节，生成的图像就像重新画的一样。

将分辨率调到1024像素×1024像素并再次生成预处理图像。可以看到，与前一次生成的预处理图像相比变化非常微小，此次生成的预处理图像（见下面左图）只是增加了一些小细节。下面右图为对应生成的效果图。如果将分辨率调到200像素×200像素以下，生成的效果图与原图就基本没有任何关联了。

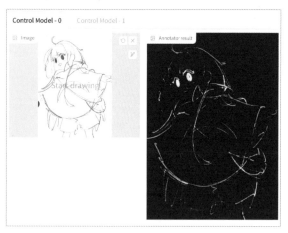

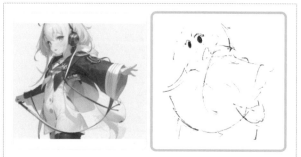

第5个是OpenPose模型。这里选取了一张动作图片，将其拖入ControlNet的"image"区域，然后选择和OpenPose对应的预处理器和模型并生成预处理图像（生成时间可能会相对长一点）。预处理图像很精准地表现了原图中的动作与姿势，继续生成的AI效果图同样很好地表现了原图中的动作与姿势。

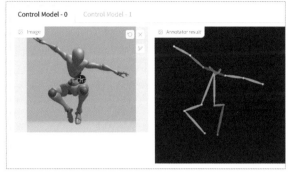

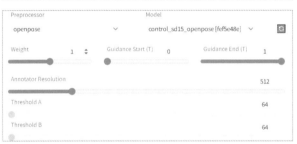

下面将一张拳击动作图片放置到模型中，然后在"Preprocessor"中选择"openpose_hand"，在"Model"中选择对应的模型。

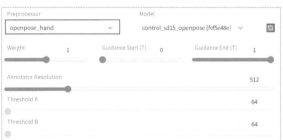

与上面的预处理图像相比，此次生成的预处理图像中多了一些代表手指的蓝色和红色短线，红色短线代表大拇指，AI会通过这些短线来判定人物身体的整体朝向。最终生成的图片对手部形态和手掌朝向的表现力都比较好。还可以继续通过其他方式来优化细节。

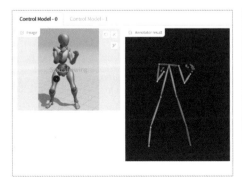

# 5.3 案例：火焰天使制作详解

在学习了几种ControlNet模型的用法后，下面通过一个案例（使用的是Counterfeit-V2.5和对应的VAE）将之前所学内容都贯穿起来，以逐渐掌握更多进阶操作方法。

## 5.3.1 人物形象初步确定

确认了要绘制的形象后，可以先在一些免费商用网站找参考作品。

以绘制一个高贵、洁净，被火焰围绕的冷酷天使动漫角色形象为例。首先输入质量提示词，然后输入镜头风格提示词，这里选择的是"dutch angle"。在人物主体提示词后面加上动态提示词，比如"holding silver staff"（握住银色法杖）。头发的形态可以用"hair one side up"来限定，然后接上"red purple hairband"发带修饰词。为了让角色有一种孤高感，可以加入与精灵相关的提示词，如"pointy ears"（尖尖的耳朵）。角色的面部表情用"disdain"来修饰，表现出轻蔑。眼睛呈黄色，且带有高光。给人物头部加上"hat flower"（帽花），让人物穿上"white dress"（白色连衣裙）。给衣服加上金色装饰，再用"gown"（长袍）进行拓展。添加一些奇幻元素，如"dragon tail"（龙尾）、"white wings"（白色翅膀）等。

人物形象确定后，选择银色作为画面主题色（"Silver theme"）。这里用冬天来限定场景，以便与主题色相匹配。还可以将画面修饰一下，输入如"watercolor (medium)"（水彩）、"cel shading"（卡通渲染）等提示词。用"god rays"来表达射光，用"lens flare abuse"来表达光晕。用"flame"（火焰）、"burning sky"（燃烧的天空）、"red giant"（红巨星）等提示词表达背景。下面不再重复列出提示词，仅给出反向提示词。

**反向提示词：**(EasyNegative:1.2),text,username,room,(((ugly))),(((duplicate))),((morbid)),((mutilated)),((tranny)),mutated hands,(((poorly drawn hands))),blurry,((bad anatomy)),(((bad proportions))),man.

| |
|---|
| 78/150 |
| masterpiece,high detailed,dutch angle,1girl,holding silver staff,hair one side up,red purple hairband,pointy ears,disdain,eye reflection,hat flower,white dress,golden ornament,gown,dragon tail,white wings,Silver theme,in winter,watercolor (medium),cel shading,god rays,lens flare abuse,flame,burning sky,red giant |
| 48/75 |
| (EasyNegative:1.2),text,username,room,(((ugly))),(((duplicate))),((morbid)),((mutilated)),((tranny)),mutated hands,(((poorly drawn hands))),blurry,((bad anatomy)),(((bad proportions))),man |

将"Sampling method"设置为"DPM++ 2M Karras"，将"Sampling Steps"设置为25，然后在默认的分辨率（512像素×512像素）和默认的"CFG Scale"下生成图像。可以发现，生成的效果图中细节较少，想要突出的火焰元素没有表现出来。

将分辨率改为1024像素×768像素，将提示词中的"white wings"改为"big white wings"，"red giant"改

为"red giant star"，并在最后加上"fire background"。再次生成后可以看到效果已经很不错了。笔者在多次尝试后得出结论：长方形图像的背景效果在一定程度上优于正方形图像的背景效果，更宽的画幅能表现出更丰富的背景元素和人物服饰细节。

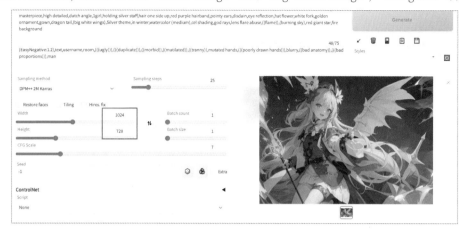

当生成的图片达到了预期效果时，可以单击绿色图标，将随机种子固定下来，然后通过调节提示词、改变参数和采样方式等方法来优化画面。

## 5.3.2  使用插件进行精修

下面讲解使用OpenPose Editor和Depth Library对人物动作进行精细调节的方法。

在"Extensions"选项卡中选择"Available"，然后单击"Load from"加载插件列表。在下面的插件列表中找到"OpenPose Editor tab, installed"并单击右侧的"Install"进行安装。安装完成后单击"Apply and restart UI"，等待几分钟后就可以看到界面中多了一个"OpenPose Editor"选项卡。注意重启Stable Diffusion前先把提示词、参数和随机种子用文档记录下来。

单击"OpenPose Editor"选项卡后进入编辑页面。可以看到页面的左上角是调节图像分辨率的滑条,右边是默认给出的单人火柴骨架图片。我们可以自由拖动图片中的关节点,也可以框选多个关节点并将它们一起移动。单击左边的黄色按钮"Add",原位置会再添加一副火柴骨架,单击一下就可以拖动整副火柴骨架。

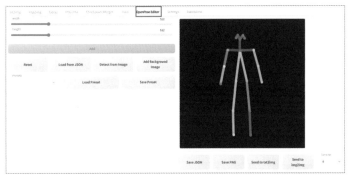
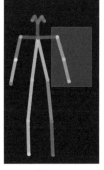
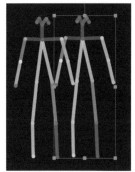

由于默认的图片尺寸对于绘制多个人物的情况会有所限制,因此这里调整图片尺寸为1024像素×768像素。调整后,火柴骨架的形态会发生变化。单击"Save PNG"按钮保存图片。也可以单击"Send to txt2img",将图片直接放到ControlNet插件界面。最右边的0代表"Control Model-0",因为这里同时启用了两个ControlNet模型,所以会有0和1可以选择。

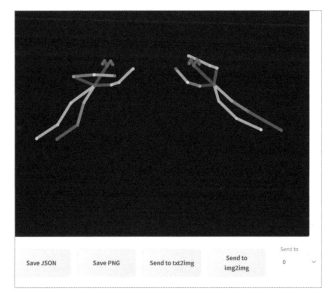

勾选"Enable"选项启用模型,"Preprocessor"选择"none",原因是无须再从图片中提取人物姿势了,预处理图中的姿势已经是软件能够理解并生成的了。"Model"选择OpenPose模型即可。

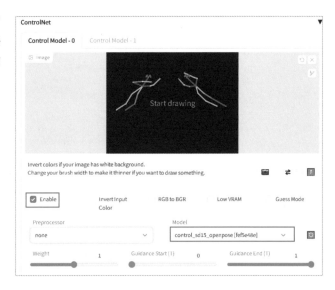

注意分辨率最好和当前的预处理图像相同。如果生成的图像人物畸变较为严重，可能是因为画面内容太多、分辨率不够，那么可以提高分辨率至原来的两倍，或者直接勾选"Hires.fix"选项，自动将分辨率调整至原来的两倍。不过，提高分辨率会很容易出现显存不够而导致图片生成失败的问题，只能通过更换显存更大的显卡来解决。

　　在此基础上生成图片。可以看到画面中的元素非常丰富，人物姿势表现较好。

masterpiece,high detailed,dutch angle,1girl,holding silver staff,hair one side up,red purple hairband,pointy ears,(scowl),eye reflection,hat flower,white fork,golden ornament,gown,dragon tail,(big white wings),Silver theme,in winter,watercolor (medium),cel shading,god rays,lens flare abuse,((flame)),(burning sky),red giant star,fire background
Negative prompt: (EasyNegative:1.2),text,username,room,(((ugly))),(((duplicate))),((mutilated)),mutated hands,(((poorly drawn hands))),blurry,((bad anatomy)),(((bad proportions))),man,2girl

　　下载Depth Library插件需要在GitHub上搜索"sd-webui-depth-lib"。打开相应页面能看到安装说明，这里只进行简单的安装讲解。首先在GitHub页面中找到安装网址，然后打开Stable Diffusion，在Extensions选项卡中找到"Install from URL"并单击，然后在"URL for extension's git repository"中输入网址，再单击"Install"按钮。接着在Installed选项中单击"Apply and restart UI"按钮（注意保存参数）。如果报错，那么很可能是网址开头有多余的空格，将其删掉即可。安装完成后就可以看到Depth Library选项卡了。

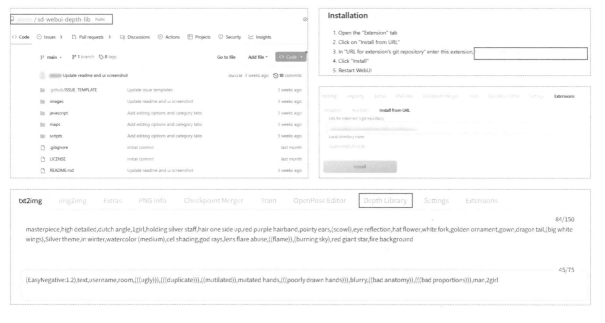

经过测试可知，将使用OpenPose Editor生成的图片导入Depth Library很可能会出现图片大小不一致的问题，这会导致Depth Library生成的手部深度图无法和OpenPose生成图像中的火柴骨架相契合。为解决这一问题，这里还需要用到另一个名叫"Posex"的插件。相关安装操作同上，这里不再赘述。

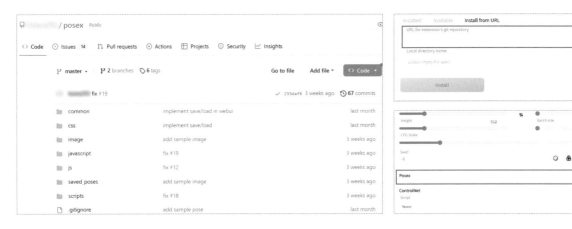

Posex插件有非常多的功能，勾选"Send this image to ControlNet"代表实时发送图像到对应的ControlNet模型中，这样就可以随时改动火柴骨架并生成图片。

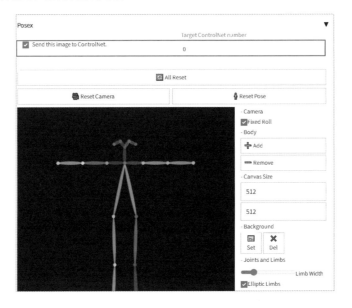

在该插件中，火柴骨架是可以360°自由旋转的，调整姿态的方式和3D软件类似。调整到合适的姿态后可以取消勾选"Send this image to ControlNet"，因为Posex插件界面很容易被鼠标点到进而导致视角移动，在多个模型的配合过程中很容易出错。注意这里的画布大小（Canvas size）要和ControlNet的画布大小一致。单击"Download image"即可下载图像。

在"Depth Library"选项卡中单击"Add background image"，将刚才生成的姿势图导入。单击"Hands"选项卡，可以看到各种不同的手部深度图。选择需要的图片，然后单击"Add"按钮，将图片添加进背景中。

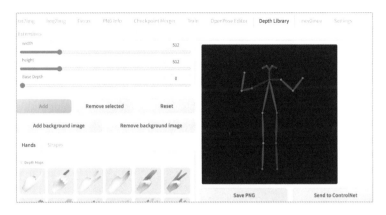

刚添加进来的手部图片尺寸会比较大，可缩小图片到合适大小，并旋转图片到合适的角度。如果想更换图片，可以单击"Remove selected"按钮删除。单击"Reset"按钮会将所有手部图及背景图清空。

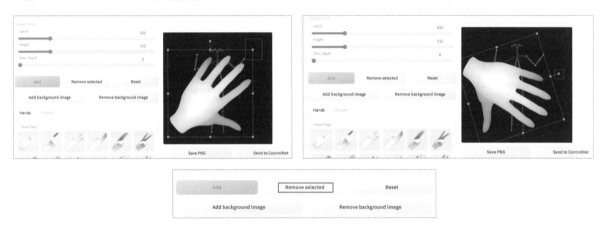

这里没有发送到哪一个ControlNet模型的选项，单击"Send to ControlNet"按钮一般只能将图片发送到ControlNet中的第一个模型。为了方便，可单击"Save PNG"按钮，保存图片。

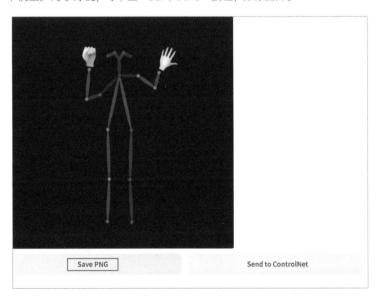

保存的图片是单纯的手部深度图, 图中不会有OpenPose生成的火柴骨架, 因此需要两个ControlNet模型同时运行, 一个负责生成手部深度图, 另一个负责生成姿态图。

接下来将生成的姿态图和手部深度图分别放入不同模型, 然后修改模型的类型。

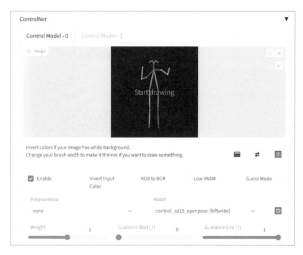

适当提高分辨率和采样步数, 图像生成后可以看到姿态图和手部深度图都呈现出来了, 人物右手执物、右手展开的效果表现较好, 实现了较好的动作精修效果。

# 5.4 制作AI动态视频

这里使用的插件是"sd-webui-mov2mov"，其安装方式与前面所讲的插件安装方式类似，在GitHub上搜索"sd-webui-mov2mov"插件进行安装即可。注意凡是涉及插件安装的操作一般都需要网络加速才能正常完成。

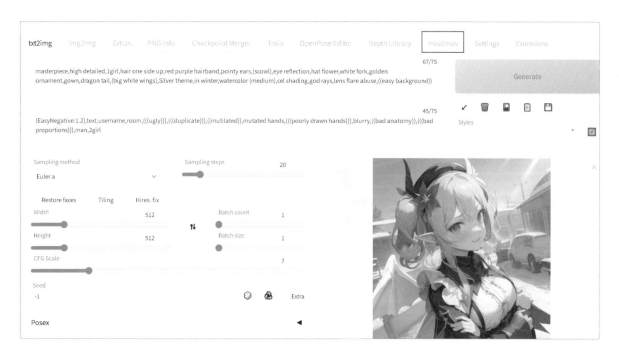

这里用了Mixamo免费动画库中的动作，同时用Blender渲染序列帧的方式制作了一个原始视频，以避免侵权。大家可以采用其他视频进行练习，无须和本案例使用一样的视频。

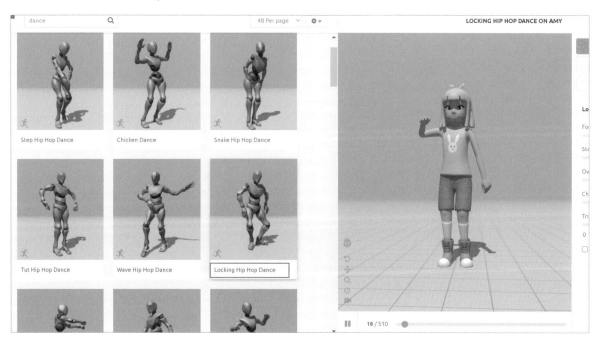

将导出的MP4文件拖入mov2mov插件的主界面中。该插件提供了3种视频生成方式。由视频生成视频需要的算力很高，如果一直生成不成功，可以调低分辨率后再进行尝试。

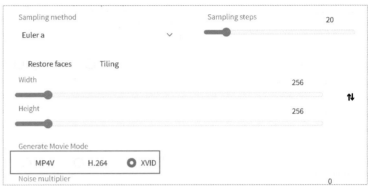

生成视频之前最好打开ControlNet（无须在ControlNet中放入图片）并启用OpenPose模型或Hed模型，这样能更好地表现人物形态。也可以调节对应的参数，大家可自行尝试调节，以获得更好的效果。添加LoRA模型也可获得更好的效果。都设置好后单击生成按钮输出视频，插件会将视频以序列帧的方式进行重绘，已经绘制完成的序列帧会出现在"\stable diffusion-webui\outputs\mov2mov-images"目录中。视频生成后可以单击文件夹图标打开文件夹并查看视频。需要注意的是，输出视频的分辨率最好不低于720像素×720像素，否则容易出现人物不清晰、畸变严重等问题。如果想专门做AI动画，建议使用大显存的专业GPU运算卡。

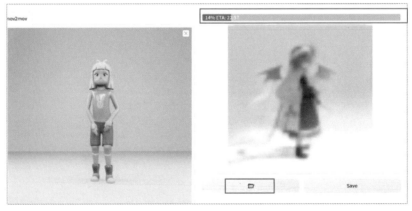

# 5.5 关于AI绘画工作流程的现实参考

AI绘画的功能越来越强大，越来越多的厂商和个人开始利用AI绘画来提升工作效率。对于游戏美术工作人员而言，AI绘画的出现使他们既快乐又痛苦。快乐的是，AI绘画已经发展到为无美术功底的人提供概念设计的灵感来源和丰富的参考。痛苦的是，很多游戏美术从业者不得不将运用AI绘画工具作为一项必不可少的技能，行业中甚至出现了向AI绘画看齐的"方法论"。

以游戏策划为例，其工作流程原本为"明确需求→绘制原画→验收原画"，AI绘画介入后，这个流程就变为"使用AI跑图验证需求方向→选择合适的AI成图进行精修→验收经过精修的图像"。当然，这只是小团队简单工作流程中的一部分。国内很多大团队的游戏研发项目组和美术组是各自独立的，多个研发项目组共用一个美术中台。这样设置有利于对效率和成本进行把控，不会产生很多重复且无用的劳动，但会在一定程度上加重项目管理者的负担。项目管理者以往只需要负责一个项目组的工作，现在需要负责多个项目组的工作，而不同项目组的排期又不相同，这给项目管理和素材排期带来了很大挑战。AI绘画的出现极大地减少了美术岗和策划岗对接过程中产生的重复修改的次数（策划也可以通过AI绘画来产出合适的画面）。目前，很多专业的策划和美术总监一眼就能看出AI绘画作品的问题，这些问题常见于手部细节、服饰细节等方面。有时AI对一些细微的地方（如衣服上小装饰的线条走向及建筑物构图的细节）的表现是毫无逻辑可言的。AI绘画更像是单纯的拼凑，但在创意和想象力等方面的表现还是可圈可点的。

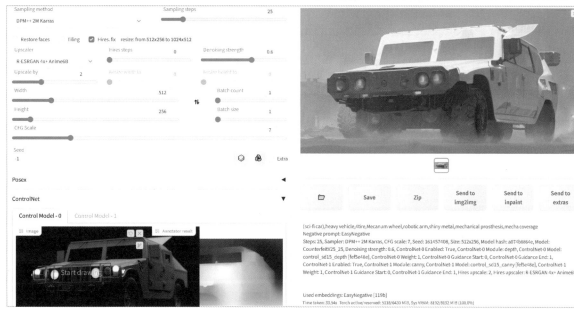

利用 ControlNet 将渲染图中的车辆转变为科幻风格载具

一位游戏模型师朋友说，他们会在建模过程中用AI来绘制模型图像，观察AI给当前的模型增加了哪些细节。如果增加的细节合理，那么他们会采用并将其手动添加到模型上，以获得更丰富的模型表现。可见，与美术相关的岗位已经热烈"拥抱"AI，并利用它来提升生产效率了。在AI快速发展的当下，对于我们来说，更需要认识AI、了解AI，并通过AI来提升自身的竞争力。

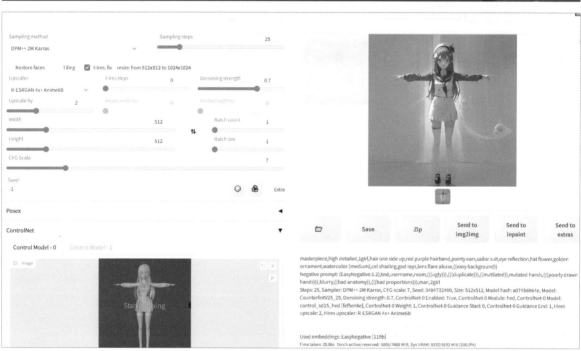

使用 ControlNet 生成的人物灰模，其细节可为贴图绘制提供参考

第 6 章

# 使用 Colab 云部署
# AI 绘画工具

# 6.1 云部署Stable Diffusion

前几章详细地介绍了使用本地部署的Stable Diffusion绘画的方法，其优势明显。不过大家也可能会在本地部署或运行时遇到配置或代码方面的难题，短时间内无法解决。使用云部署的Stable Diffusion来绘画无须占用本地的计算机资源，通过免费的方式进行云部署还能进一步降低使用成本，避免出现配置或代码方面的问题。

## 6.1.1 登录Colab部署Stable Diffusion

首先保证网络畅通且加速可用，然后打开GitHub页面搜索"stable-diffusion-webui-colab"。搜索到后，单击左上角的"main"并在下拉菜单中选择"drive"。

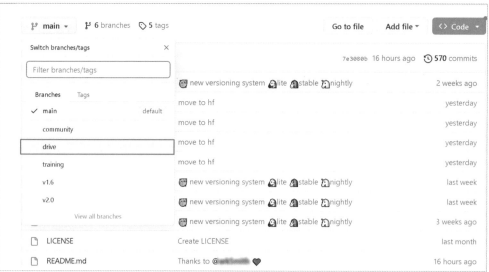

按住Ctrl键并单击第1个"Open in Colab"以跳转到新的Colab页面,该页面看起来像Jupyter Notebook的代码页面。直接单击页面上方的"复制到云端硬盘"创建一个副本,以方便后续工作和保存。

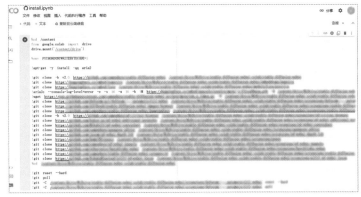

单击左上角的圆形按钮,稍作等待后,页面中会弹出Google硬盘的对话框,登录(或注册)并允许访问,代码便开始运行,Stable Diffusion会安装在Google硬盘中。整个过程持续10分钟左右。

需要注意的是,每个人的Google硬盘免费空间只有15GB,超过限额会导致安装失败。不过一般新用户安装只需占用12GB左右的空间,无须担心。安装完成后,页面中会显示"Installed",此时可以进行下一步操作。

回到GitHub页面,同样,按住Ctrl键并单击第2个"Open in Colab",在新打开的Colab页面中再次单击"复制到云端硬盘"并运行。

需要注意的是，有时候可能会因没有分配到GPU资源而导致运行失败。可以单击右上角"RAM磁盘"处查看当前时间段是否有可用的GPU资源。

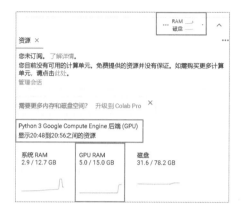

在确定有可用的GPU资源后等待加载，也可以在加载的过程中等待可用的GPU资源空出，加载需要8分钟左右的时间。加载完成后就可以看到网址了。此处会提供4个网址，单击任意一个网址都可进入Stable Diffusion。如果进入时出现故障，可以尝试单击其他几个网址，这几个网址在模型的使用上没有差别。

进入后便可看到熟悉的Stable Diffusion界面（深色版）了。这里使用的Stable Diffusion会自带v1.5版本的纯净模型，该模型出图效果有限。这里先尝试使用之前的提示词生成图像。需要注意的是，这里运行时不能关闭Colab副本。

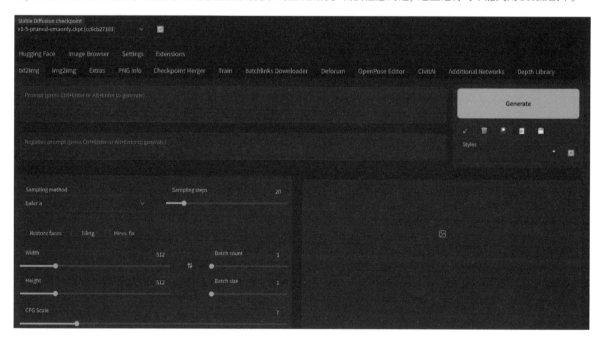

这就是使用云部署的Stable Diffusion进行绘画的方法。云部署Stable Diffusion的功能和本地部署的基本一样，而且可用插件比本地部署的丰富。如果使用的模型较多，Google硬盘需要有足够的空间供下载与安装，免费使用的空间非常有限。大家可根据情况选择云部署或本地部署。

# 6.1.2  安装新模型

完成Stable Diffusion的云部署后，接下来要为它安装模型。首先打开云端硬盘查看剩余空间，根据剩余空间来选择合适大小的模型。因为笔者的云端硬盘空间只剩1GB左右，所以只能选择大小在1GB以内的模型。

CIVITAI中的大部分模型是Checkpoint形式的，而这种形式的模型很少有小于1.99GB的。这里选择了空间占用率较低的LoRa形式的"墨心 MoXin"水墨画风格模型。

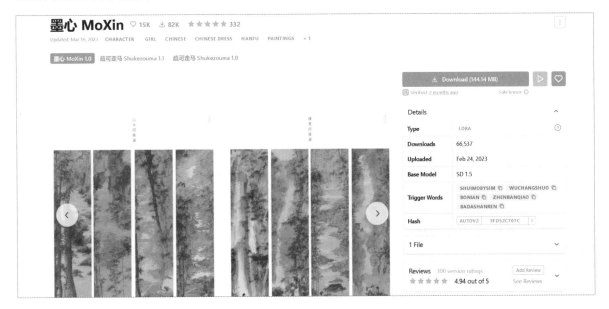

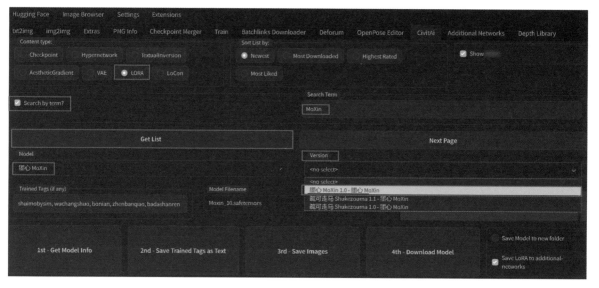

复制模型的名称后打开Stable Diffusion，找到"CivitAi"选项卡并单击。将"Content Type"设置为"LORA"，然后勾选"Search by term"选项，并在右边的"Search Term"中粘贴刚刚复制的模型名称。单击"Get List"后在"Model"下拉列表中找到"墨心MoXin"并选择，此时右边的Version也会随之重新加载，选择对应版本即可。如果因网络不好而出现错误提示，单击"Get List"重新读取即可。

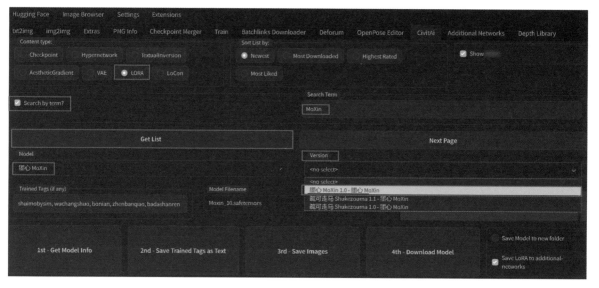

选择完毕后，下方的"Trained Tags"中会自动出现已经训练过的水墨画风格标签。然后选择模型文件名以自动加载下载网址，出现下载网址后单击"4th-Download Model"即可下载。

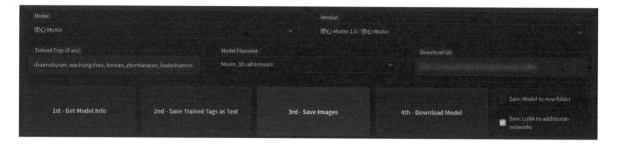

单击"txt2img"选项卡，单击生成按钮下方的"Show extra networks"按钮便可看到下载的LoRA模型。输入提示词并启用LoRA模型，简单调节参数后就可以单击"Generate"生成图片了。

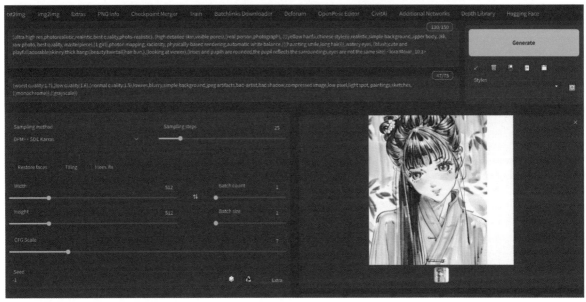

随着版本的不断更新，部分内容可能有所更改，需要注意将模型放在对应的位置。如果找不到模型，可以刷新一下，并查看Colab副本是否还在正常运行。免费的资源很有可能会因为时间问题被"挤"掉，需要多多注意。

# 6.2 云部署Disco Diffusion

Disco Diffusion非常适合生成抽象的概念艺术图像。下面我们学习Disco Diffusion的安装、配置和使用方法。

## 6.2.1 登录Colab部署Disco Diffusion

在Google浏览器搜索框中搜索 "Disco Diffusion"，找到Disco Diffusion的Colab网址，点击网址就可以进入Disco Diffusion的Colab主页。在Colab页面中单击 "复制到云端硬盘"。

在此页面的 "视图" 菜单中选择 "收起段落"，便于直观地查看Disco Diffusion的整体组成部分。Disco Diffusion整体由 "Tutorial" "Set Up" "Diffusion and CLIP model settings" "Custom model settings" "settings" "Diffuse!" "Create the video" 等模块组成，其中 "Tutorial" "Custom model settings" "Create the video" 模块在这里不会用到。

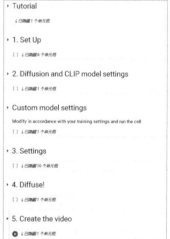

单击模块右上角的垃圾桶图标可以删除模块，同时模块的序号会自动更新。这里将 "Tutorial" "Custom model settings" "Create the video" 等模块删除，剩4个模块。

单击"代码执行程序"并选择"全部运行"。这时会弹出访问硬盘请求的对话框,单击允许即可。运行时,若弹出计算机需要高RAM提示,忽略即可。

当然也可以依次单击运行4个模块,注意一定要按照顺序号依次运行,不能跳着运行。运行过程预估耗时10～15分钟。对图像进行渲染输出时,图像下方会显示进度条,渲染输出的速度相对较慢,整个过程大概耗时30～45分钟。

不同于Stable Diffusion跳跃式、批量式生成的图像,在简单改动参数的情况下,Disco Diffusion生成的图像相对更加稳定,不过生成速度比较慢。如果没有复杂的提示词和有针对性的模型,Disco Diffusion生成的图像在概念艺术方面比Stable Diffusion生成的拥有更大的优势。

当进度达到69%时,画面已经基本成形。这里默认会自动连续生成50张图片,可以在第一张图片生成后就进到Google云盘中查看。

找到"我的云端硬盘"并单击,然后找到Disco Diffusion的目录,再在该目录下找到"images_out"文件夹并打开,这样即可看到生成的第一张图片。

如果想要再次打开对应的Colab,在"我的云端硬盘"页面里双击"Colab Notebooks"文件夹,在打开的文件夹中就可以看到生成的Colab副本。双击副本名称便可打开,然后重新运行所有代码。

## 6.2.2 Disco Diffusion输出参数设置

Disco Diffusion出图很慢，默认情况下会批量生成50张图。我们需要了解它的一些重要参数，以便更好地使用。

1."Set Up"参数设置

"Set Up"参数设置保持默认。

2. "Diffusion and CLIP model settings"参数设置

在"Diffusion and CLIP model settings"中单击"diffusion_model"，可在其中选择合适的模型，如"512×512_diffusion_uncond_finetune_008100"等。

"use_secondary_model"处保持默认勾选，可以在下面的"diffusion_sampling_mode"中选择采样方式，有Plms和ddim两种采样方式可供选择。"Custom model"处可以填写使用模型的路径，一般需要手动输入，这里保持默认即可。

3. "Settings"参数设置

在"Basic Settings"中，"batch_name"是指输出图像的名称，可以修改。"steps"是指采样步数，一般设置为250就能有足够好的表现，设置为150就能看到大体样貌。第3行"width_height_for_512×512_models"是指生成图片的尺寸，一般设置在1920像素×1080像素以下，设置的数值最好是64的整数倍。超过1920像素×1080像素需通过升级服务进行支撑。其他参数可保持默认。

"Basic Settings"下面是"Animation Settings"，可以设置是否输出动画和以哪种模式输出动画，有2D、3D和Video Input（视频输入）3种模式，如有需要可自行选择。"Video Input Settings"处可以将视频上传到Google硬盘，"video_init_path"处需手动输入视频路径和名称。

"Extra Settings"处可以设置过程图的生成数量。"intermediate_saves"的值默认为0，代表不生成过程图；如果设置为2，代表会在生成进度达到33%和66%的时候分别生成一张图片并保存到Google硬盘。

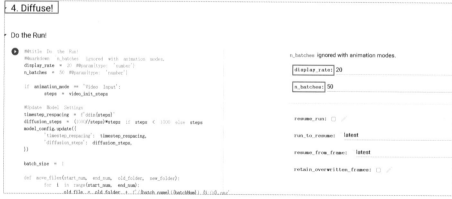

"Prompts"处可输入提示词。

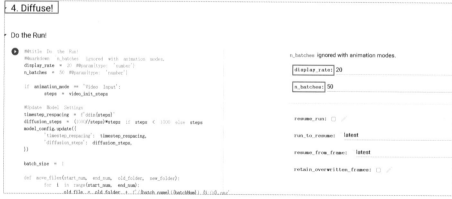

4."Diffuse！"参数设置

"Diffuse！"是渲染输出模块，这里只有两个参数需要着重强调：一个是"display_rate"，用于设置渲染图的刷新频率，默认值为20，代表迭代20次后刷新一下渲染图；另一个是"n_batches"，用于设置生成图片的数量，默认为50张。

与Stable Diffusion相比，Disco Diffusion使用起来更简单，重点在于对参数的理解及对画风的描述。希望大家能通过前面的学习制作出自己的个性化作品。

第 7 章

# 用 AI 绘画辅助制作
# 虚拟偶像

Artificial Intelligence

# 7.1 通过AI绘制立绘样图

AI绘画可以用来制作虚拟偶像。在进行人物形象设计、AI立绘制作的过程中，我们一般会先用OpenPose Editor插件制作一个骨架，然后用前面学习的通过骨架生成图片的方法来绘制立绘样图。

## 7.1.1 确定人物的美术风格

在制作之前，我们要先思考想要制作的人物形象是什么风格的，这关系到大模型的选择与后续优化流程的具体操作。这里以动漫风格的人物形象为例进行讲解，大家可依据自己的喜好进行选择并制作。制作动漫风格的人物形象，可以使用之前的Counterfeit-V2.5模型。大家也可以尝试使用其他模型。关于人物设定，笔者想制作一个以磁带盒未来主义朋克为主题的虚拟偶像立绘。磁带盒未来主义朋克元素可选择20世纪80年代科幻作品中的元素及个人计算机、合成器等。当时电子产品的颜色以灰色和白色为主，角色配色可参考使用。

圆盘状的光盘及各种录音机的磁带等均可作为磁带元素参考。

从早期航空器的操作台面板上也可以看到磁带盒未来主义的影子，上面有复杂的操作拉杆和各类按钮，以及很多物理仪表盘等。但在现今的美术风格方面，人们更倾向于将复杂的内容做减法，通过简约的设计弱化外部形态，更加注重合理性。当然，为了打造差异化的人物形象，使形象更贴合虚拟偶像的年轻属性，我们可以增加机能风、街头潮流风等风格的元素。也可以融合赛博朋克风格，将赛博朋克的全息投影、机械义肢等元素加入形象设计中。在不断融合元素的过程中也要考虑到一些可能引起冲突的地方，比如磁带盒未来主义朋克配色的饱和度应该较低，以灰色、白色为主，而赛博朋克的配色以霓虹色为主。在整体的颜色选择上最好不要有过多差异较大的颜色存在。

## 7.1.2 制作虚拟偶像的立绘样图

制作角色立绘形象时尽量不要有透视存在，类似于角色三视图，要能看清角色的全貌。我们需要一个能更好地生成三视图的模型。在CIVITAI中搜索"charturner"，可以看到两个不同的版本，一个是LORA版本，一个是TEXTUAL INVERSION版本。可将这两个版本都下载下来，然后放到对应的模型文件夹中。TEXTUAL INVERSION需要放到"embeddings"文件夹中并重新启动Stable Diffusion。打开Stable Diffusion后输入提示词。为了便于后期处理图片，推荐绘制中长发或较短头发的人物，因此提示词处需要输入"short hair"。

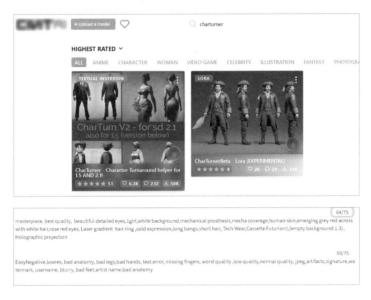

单击红色图标"show extra networks"，选择"Lora"后找到"charturnerbetaLora_charturnbetalora"并单击，然后在提示词中将"charturnerbetaLora_charturnbetalora"的权重设置为0.3。

将用OpenPose Editor绘制的三视图放入ControlNet并修改分辨率为768像素×512像素，然后单击生成。生成后3个视角的图可能会有较大差别，具体细节还需输入提示词来限制，大家可自行调整提示词。这里我们只需要正视图，后面使用时截取中间的正视图即可。

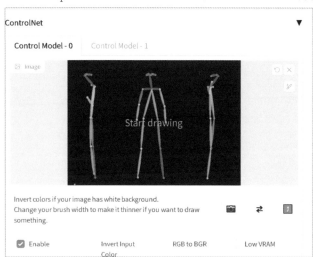

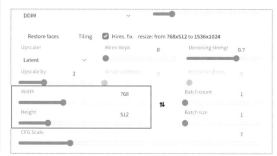

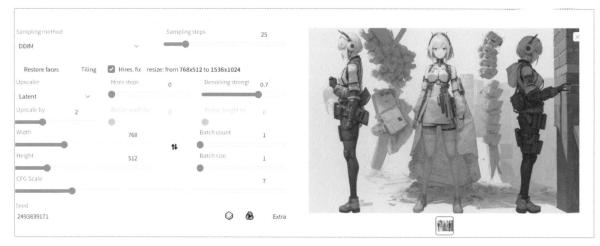

由于三视图的生成需要很高的分辨率，因此对显卡显存的要求很高。如果显卡显存不足，生成快结束时可能会出现突然报错并显示相关报错信息，生成不了图片的情况。

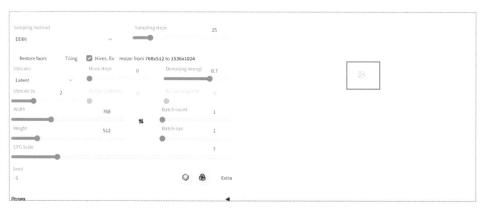

我们也可以尝试在左边的"Upscaler"中选择其他模式来提升画面分辨率。默认的Latent模式对显存要求较高，可以选择R-ESRGAN 4x+Anime6B等模式。

# 7.2 EasyVtuber下载、安装及使用

EasyVtuber是通过虚拟摄像头对虚拟角色进行识别和解算的一款开源插件。下面对EasyVtuber的安装配置要求、相关界面、角色图像处理及使用展开介绍。

## 7.2.1 配置要求及运行环境

EasyVtuber的来源有很多个版本，这里选用相对比较简单的版本。直接在GitHub上搜索并找到EasyVtuber。EasyVtuber对计算机显卡的算力要求较高，推荐使用和RTX3060同性能或性能更高的显卡。

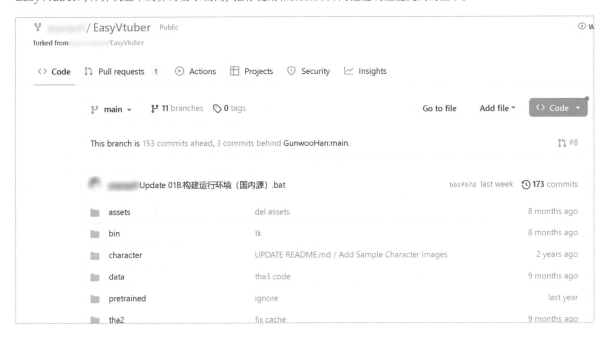

单击右上角绿色的"Code"按钮并选择"Download ZIP",下载并解压后单击文件夹中的"构建运行环境"便会开始下载构建环境所需内容(大概30GB),默认源和国内源都可以。

下载完毕后关闭页面,然后单击"预训练数据下载"。"预训练数据下载"是一个网址,单击后会跳转到相应页面。在页面上单击"下载"按钮(这里需要网络加速),下载后会有4个文件夹。

将4个文件夹复制并粘贴到EasyVtuber目录下"data"文件夹中的"models"中。单击"02B.启动器(调试输出)",此时会出现一个EasyVtuber的用户界面和一个命令提示符控制窗口。在"Face Data Source"中选择"Mouse Input",其他参数保持默认,然后单击"Save & Launch"按钮。

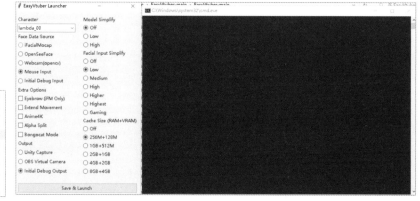

稍微等待一会儿就会出现人物界面。这里人物的头部、躯干和眼睛都会跟随鼠标对应旋转。单击"EasyVtuber Launcher"面板中的"Stop"按钮便可关闭。

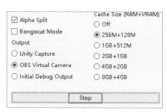

## 7.2.2 相关界面参数讲解

这里简单介绍可能会用到的一些参数。"Character"可以选择人物形象，人物形象是PNG格式的图片，存储在EasyVtuber目录下"data"文件夹中的"images"里。

进入文件夹可以看到默认提供了两张半身像。之后我们对人物图像进行修改时要参照此处图像的大小，这样放进软件才不会出问题。

"Face Data Source"（面部数据来源，意思是脸部动作通过何种方式输入）这一栏有5个选项。"iFacialMocap"是通过苹果手机的摄像机进行面部表情捕捉。"OpenSeeFace"是GitHub项目，简单来讲是对Unity上的VRM模型进行面部捕捉，不太常用。"Webcam（opencv）"是基于opencv的网络摄像头。"Mouse Input"就是常见的通过捕捉鼠标位置来计算人物脸部朝向。"Initial Debug Input"是默认的初始调试输入，一般只查看能否正常运行，实际操作时不会用到。

"Face Data Source"下面是"Extra Options"（选择是否启用一些额外的设置），包括"Eyebrow（iFM Only）"［眉毛捕捉（仅限iFM）］、"Extend Movement"（扩展动作）、"Anime4K"（4K动画）、"Alpha Split"（透明度分离）、"Bongocat Mode"（Bongocat模式）。常用的是"Alpha Split"，勾选后系统会将图像的原图和透明度通道分割，对于之后OBS（开源软件OBS Studio，以下均称OBS）的使用有很大帮助。

> **Tips** Bongocat是一个在线网站，可以通过Google搜索直接搜到。进入网站后就可以看到下图所示页面。在键盘上按对应的键会发出不同的声音。一般这种按下对应按键播放特定内容的模式被称为"Bongocat模式"。

"Output"（输出方式）中可以选择"Unity Capture"（Unity内部捕获）或"OBS Virtual Camera"（OBS虚拟摄像头）。如果不想输出到其他软件，而是直接在默认界面观看，那么可以保持默认的初始调试模式输出。

Output
○ Unity Capture
○ OBS Virtual Camera
◉ Initial Debug Output

"Facial Input Simplify"（面部捕捉表情简化）在调到最高的"Gaming"情况下，模型的头部和眼睛几乎只会进行上下运动，而不会左右转动。默认是"Low"。

Facial Input Simplify
○ Off
◉ Low
○ Medium
○ High
○ Higher
○ Highest
○ Gaming

"Model Simplify"（模型简化）默认是关闭状态，可以选择简化程度为"Low"或"High"。简化程度越高对计算机显存的占用越小，当然模型的动态程度就越差。一般尽量选择"Off"。

Model Simplify
◉ Off
○ Low
○ High

"Cache Size（RAM+VRAM）"即内存和虚拟内存的占用。占用越高捕捉效果越好，不过越高能看到的差别也越小，加上因为后续推送OBS也会占用大量资源，所以可以保持默认的"256M+128M"，内存留给OBS使用。

Cache Size (RAM+VRAM)
○ Off
◉ 256M+128M
○ 1GB+512M
○ 2GB+1GB
○ 4GB+2GB
○ 8GB+4GB

# 7.2.3 角色图像处理

前面已经制作好了人物的正视图，接下来将图片处理成EasyVtuber能够使用的大小。

首先在Photoshop中打开一张EasyVtuber的例图（"images"文件夹里的图像），该图像大小为512像素×512像素。

打开前面制作的图片并大致裁剪图片。大家可自行使用合适的工具将人物从背景中抠取出来，然后将人物图层拖动到例图图层。调整人物五官的位置，使其与例图的五官位置大致相近。

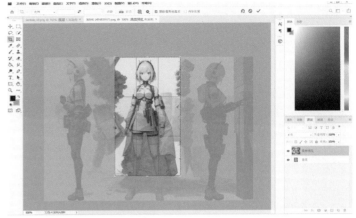

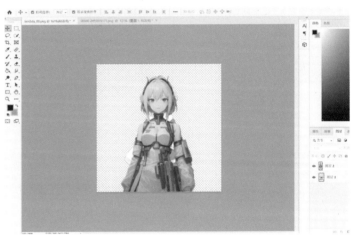

用"矩形选框工具"▢将当前图层的图像框住，按快捷键Ctrl+J复制一层，此时图像大小与例图一致。隐藏其他图层并将图片以PNG格式导出到例图所在的文件夹中（注意重命名）。

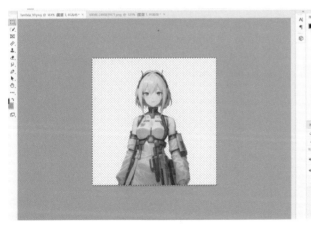

Tips　如果在调整人物五官的位置后直接将图片以PNG格式导出到例图所在的文件夹中，那么会发现导出的图像和例图的大小是不一样的，这样是无法正常使用的。

打开启动器后可以看到"girl2"已经可以被选择了，选择它并单击启动按钮就会出现制作的形象了。然后移动鼠标，测试脸部和身体追踪是否正常。

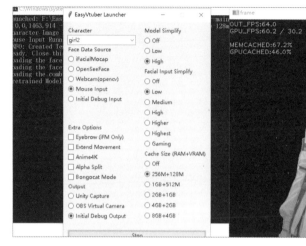

# 7.3 视频输出

在使用OBS进行视频输出时，我们需要安装StreamFX插件，以便定制OBS着色器，轻松做出直播或录屏形式的视频。

## 7.3.1 安装OBS和StreamFX插件

搜索进入OBS官网，在首页单击右上角的"Download"选项，然后在下方找到"Previous Releases"并单击，在跳转的页面中下载OBS。由于笔者经过测试发现很多新版本不支持StreamFX插件，因此需要下载27.1.3版本。选择后缀为"x64.exe"的链接进行下载。

在GitHub中搜索并找到"obs-StreamFX"，找到"StreamFX 0.11.1"并单击。

出于未知原因，streamfx项目组停止了GitHub页面的安装包供应，只能下载到软件的源代码，但我们无法使用。所以可以在GitHub中搜索并找到"start-content"，进入页面后单击"Code"，双击"Download ZIP"即可。

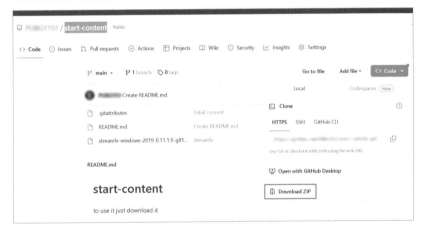

下载后进行解压，打开应用程序文件并保持默认选项安装。安装完成后打开OBS，就能在菜单栏中看到StreamFX了。

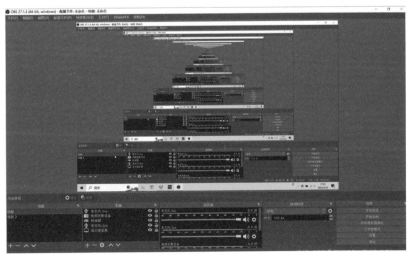

接下来安装透明着色器（shader）。在GitHub中搜索并找到"shader"项目页面，然后下载对应的压缩包。解压后就可以看到"shader-master"文件夹了，里面有5种不同的着色器。需要注意的是，每种着色器都有属于自己的版权许可解释，选中着色器后单击鼠标右键，选择"编辑"，便可在记事本文档中看到。

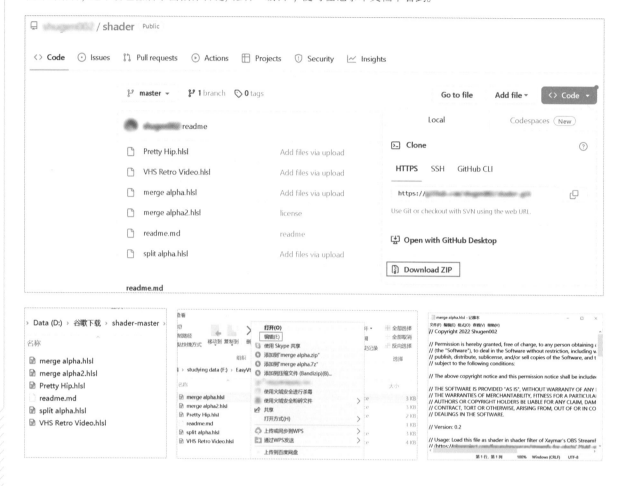

## 7.3.2 视频输出演示

打开OBS，单击左下角的"+"新建场景并重命名。进入新建的场景并在"来源"中选择"新建"，然后单击"确定"按钮。

在"属性'视频采集设备2'"中找到"设备"选项，选择"OBS Virtual Camera"并单击"确定"按钮。

根据自己的需要添加其他内容，比如显示器采集、音频输入采集等，这样就可以播放内容并同步声音了。接下来打开EasyVtuber并选择"Face Data Source"中的"Mouse Input"选项和"Output"中的"OBS Virtual Camera"选项，启动。在页面中看到人物后，可通过红色边框来自由调节图像的位置和大小。

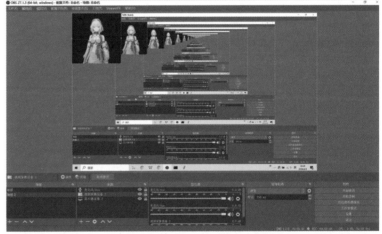

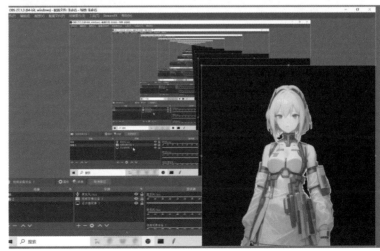

如果没有看到人物，很可能是图层顺序出现了问题。当视频采集设备图层在显示器采集图层之下，显示器采集的内容就会挡住视频采集设备，也就是屏幕内容会挡住人物。此时，拖动视频采集设备图层，将其移至上方即可。

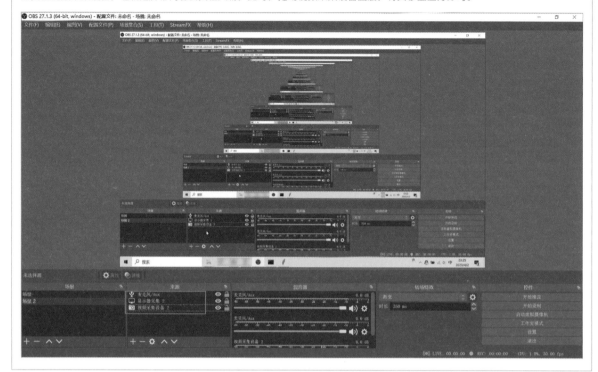

接下来要去除黑色背景，让背景变透明。首先单击EasyVtuber启动器中的"Stop"按钮，停止运行。然后选择"Extra Options"中的"Alpha Split"选项并再次启动。此时便可看到人物的透明通道被分离出来了。

Extra Options
☐ Eyebrow (iFM Only)
☐ Extend Movement
☐ Anime4K
☑ Alpha Split
☐ Bongocat Mode

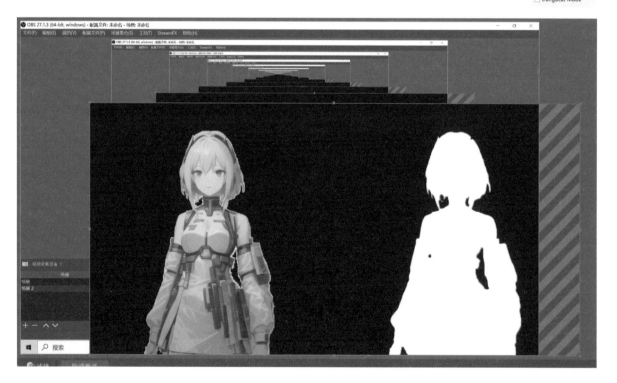

选中"视频采集设备2"并单击鼠标右键，选择"滤镜"。在弹出的对话框中单击左下角的"+"，选择"着色器"，着色器的名称可以修改，这里设置着色器的名称为"着色器1"。

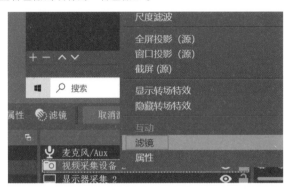

单击"滤镜效果"中的"着色器1"名称。在"着色器选项"中单击"文件"后的"浏览"，找到并选择下载的shader-master路径，选择"merge alpha2.hlsl"。注意路径中一定不能有中文，否则会导致着色器失效。

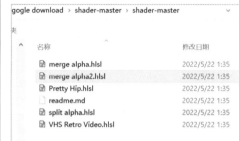

回到主界面可以看到另一个通道变透明了，可任意移动角色的位置。这是最简单的鼠标捕捉方式，大家也可以尝试采用其他方式进行面部捕捉。这个程序对硬件和内存的要求极高，内存占用较大，一般不要使用过于复杂的捕捉方式。

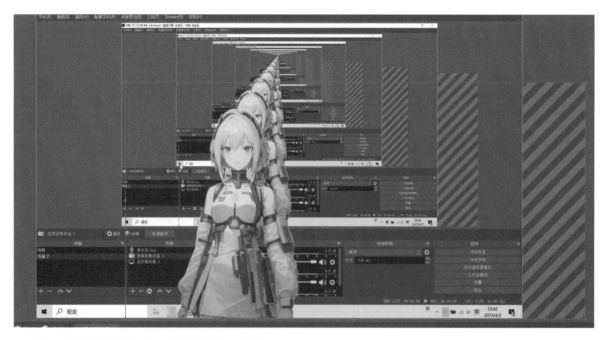

**小作业**

尝试结合古风汉服的特点，使用AI绘画制作出虚拟偶像形象并进行OBS直播尝试。